Rolf L. Temming

EISENBAHN-MUSEEN

in der Bundesrepublik Deutschland,
Österreich und der Schweiz

Orell Füssli

Titelbild: Im Adler-Saal des Verkehrsmuseums Nürnberg:
Erste deutsche Dampflokomotive. Rekonstruktion 1935.

Gesamtherstellung: Ebner Ulm
Printed in Germany
ISBN 3 280 01892 7

Inhalt

Österreich

Schweiz

Frankreich

Einleitung

Nach der freundlichen Aufnahme, die das Buch «Museumsbahnen» gefunden hat, gilt es einige Lücken zu schließen, damit das Werk als allseitig verwendbarer Reiseführer für Freunde historischer Eisenbahnen komplett ist.

Bei den «Museumsbahnen» mußte dem Thema des Werkes entsprechend auf die Darstellung der Schausammlungen der großen Museen verzichtet werden, als Beispiele seien nur Nürnberg und Berlin, Luzern und München genannt. Das wird hier in aller gebotenen Ausführlichkeit nachgeholt, wobei erfreut zu vermelden ist, daß sich die Sammlungen beileibe nicht in der Historie erschöpfen, sondern oft brennend-aktuelle Fragestellungen beleuchten und versuchen, diese auch zu beantworten. Entgegen dem Plan, auch dieses Buch auf die Bundesrepublik Deutschland, Österreich und die Schweiz zu beschränken, wurde das Französische Eisenbahnmuseum in Mulhouse zusätzlich aufgenommen, weil der Besuch auch dem nur der deutschen Sprache mächtigen Eisenbahnfreund empfohlen werden kann; es liegt nur wenige Autominuten jenseits der Grenze, erschließt dem Eisenbahnfreund aber eine neue, weitgehend unbekannte Welt.

Ebenfalls erfreut stellten wir beim Besuch mancher Sammlung fest, daß neben der Präsentation die Interpretation steigende Bedeutung gewinnt, daß die Exponate mit vielerlei Hilfen optischer und manchmal sogar akustischer Art die ihnen entsprechende Umgebung gestellt werden, so daß der Besuch des Eisenbahnmuseums einen Einblick in die allgemeine Historie von Krieg und Frieden, Arbeit, Brot und Not gibt. Damit steht auch das Eisenbahnmuseum auf dem Programm der Klassenreise als wertvolle und von den Schülern hochgeschätzte Ergänzung des Unterrichts. Eine Reihe von Museen haben dankenswerterweise Unterrichtshilfen und -modelle erarbeitet und geben diese gern an die Klassenlehrer ab.

Diese Museen sind zweifellos Fundgrube für die ganze Familie,

und es lohnt sich, sie in die Urlaubsreise (nach Süden: Nürnberg, München, Luzern) als Etappe einzuplanen.
Es war vorgesehen, hier auch einige kleinere Schausammlungen in der Provinz zu besprechen. Mit der Recherche allerdings begann das Thema in ungeahnte Dimensionen zu wachsen. Die Begriffe begannen sich zu verwirren. Einerseits gehen immer mehr Museumsbahnen dazu über, sich als «rollende Museen» zu bezeichnen. Andererseits wurden von diesen in nicht enden wollender Serie kleinere Schausammlungen eingerichtet. Das ist eine logische Folge der Tatsache, daß erstens die Museumsbahnen nur jeweils einen Teil der inzwischen stark angestiegenen Bestände im Fahrbetrieb zeigen können. Manches gute alte Stück ist gar nicht mehr betriebsfähig, soll und darf deshalb aber nicht auf dem Abfallhaufen landen. Der «Fahrbetrieb» erfolgt meist nur an einigen wenigen Tagen im Jahr, Wissensdurst quält aber rund um den Kalender. Hinzu kommt, daß sich mancherlei ansammelt, was gar nicht im Rahmen des Eisenbahnfahrens gezeigt werden kann, aber für den Fan von Interesse ist: Pläne, Werkzeuge und Modelle, Bilder und Urkunden – Wesentliches und Skurriles.
So kommt es, daß mehr oder weniger durch Öffnungszeiten und Eintrittsgeld gelenkt, allsamstag- und -sonntäglich Eisenbahnfans den restaurierenden, die Fahrzeuge wartenden und die Gebäude unterhaltenden Aktiven der Vereine über die Schulter schauen, die Remisen und Lokschuppen besuchen, romantische alte Eisenbahn anschauen und sich erklären lassen wollen. Den Vereinen kann dieses Interesse nur recht sein, hoffen sie doch so auf gesteigerte Popularität und Unterstützung in der Öffentlichkeit und Gewinn an aktiven wie fördernden Mitgliedern.
Wo allerdings die Grenze zwischen einigen im Schuppen oder auf dem Freigelände abgestellten Fahrzeugen und einem Eisenbahnmuseum, das diesen Namen verdient, zu ziehen ist, das ist schwer zu sagen, zumal oft der gute Wille reichlich vorhanden ist, aber die Mittel offensichtlich fehlen.
Dabei können die kleineren Schausammlungen einen sehr wichtigen Raum ausfüllen, nämlich die lokale und regionale Verkehrsgeschichte darstellen, die in den großen Museen

zwangsläufig zu kurz kommen muß. Oft fragt man sich, warum die Vereine, in denen so viel unbezahlte Arbeit geleistet wird, nicht mehr Unterstützung von den Gebietskörperschaften bekommen, die ihrerseits oft geringer frequentierte Museen unterhalten. Gewiß, einige von ihnen haben erkannt, daß ein Museum einen Ort und eine ganze Region attraktiver machen kann und das Eisenbahnmuseum wie die Museumsbahn in ihr Fremdenverkehrs-Konzept aufgenommen. Wünschenswert wären Patenschaften, wäre die gemeinsame Arbeit von Museumsfachleuten und idealistisch gesinnten Eisenbahnfreaks.
Höhepunkt im Jahr vieler Eisenbahnmuseen sind jene Tage, die sich «Dampftage» oder «Bahnhofsfest» nennen, an denen junge und alte Gäste durch die Hallen quirlen, zwischen den Loks und Wagen sich drängen und die Fahrzeuge – wenn man sie nicht aus Sicherheitsgründen daran hindert – voller Begeisterung besteigen, wenn Fahrbetrieb herrscht, die Lokomotiven fauchen und zischen, pfeifen, wenn allerorten Kaffee und von Vereinsmüttern selbstgebackener Kuchen verkauft werden und Lose aus der Tombola zur Finanzierung der nächsten Restaurationsarbeiten. Dann fühlt man sich wie auf einem Familienfest und kommt zu der Überzeugung, daß die Beschäftigung mit alten Eisenbahnen im Grunde doch etwas sehr Schönes ist.

Eisenbahnmuseen in der Bundesrepublik Deutschland

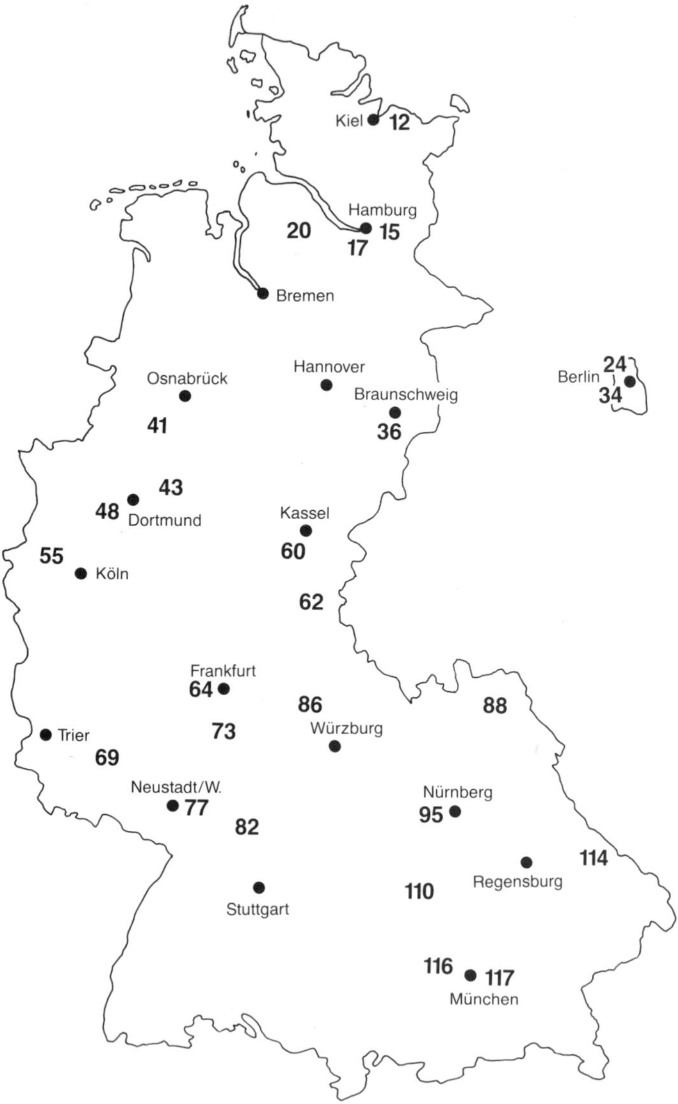

Regionales Verkehrsmuseum Schönberger Strand

Träger: Verein Verkehrsamateure und Museumsbahn e. V., Hamburg

Lage: Schönberger Strand, Bahnhof; Anfahrt von Kiel mit dem Autobus oder mit dem Auto über die B 502.

Auskunft: Verein Verkehrsamateure und Museumsbahn e. V., Hamburg, 2000 Hamburg 26, Dimpfelweg 10, Tel. 0 40/6 56 42 25 (an Wochenenden Museumsbahnhof) 0 43 44/23 23

Zwei Dieselloks im Museumsbahnhof Schönberger Strand, V 20 und V 11.

Am Kopfbahnhof der Museumsbahn Schönberg – Schönberger Strand befindet sich das Freilichtmuseum. Es ist – soweit es die Jahreszeit erlaubt – an Wochenenden zugänglich, und Sie finden dann dort immer ein paar Vereinsmitglieder, die mit Wartungs- und Instandsetzungsarbeiten beschäftigt sind und Ihnen die Ausstellungsstücke erläutern. Arbeit gibt es stets, denn die Neuzugänge sind meist in miserablem Zustand, und die Tatsache, daß die Exponate im Freien stehen, führt zu einem Wettlauf zwischen dem «Zahn der Zeit» und den Aktiven des Vereins.
Von den Dampflokomotiven des Hamburger Vereins steht nur eine in Schönberger Strand (die anderen befinden sich im Lokschuppen Aumühle bei Hamburg [vgl. Seite 15 f.] und Hamburg-Wilhelmsburg [vgl. Seite 17 ff.] unter Dach). Es ist die «treibende Kraft» des Museumszuges, eine Cnt (hier hat sie die Nummer 1) des Baujahrs 1949 von Krupp, sie entspricht der Naßdampf-Version der Reichsbahn-Baureihe 90 – eine robuste, leistungsfähige Lok für alle Aufgaben. Zwei Dieselloks sind zu sehen, die 175 PS starke V 11 (Zweikuppler), die 1935 bei den Deutschen Werken Kiel für die mecklenburgische Kleinbahn Pritzwalk – Puttlitz gebaut wurde. Sie wurde als leichte Streckenlokomotive eingesetzt und kam mit einem Flüchtlingszug am Kriegsende in den Westen. Und die 1940 in Kiel für die Wehrmacht gebaute V 20, die nach Kriegsende von der DB übernommen wurde. Übrigens ist diese Lokomotive bei einer Trajektierung über den Fehmarnsund über Bord gefallen und hat auf dem Meeresboden gelegen, wobei sie offenbar kaum Schaden erlitt.
Schwerpunkt der Sammlung in Schönberger Strand sind die Wagen, insbesondere die Personenwagen – zwei-, drei- und vierachsig, Staatsbahnen und Privatbahnen. Die meisten kommen aus dem norddeutschen Raum, darunter preußische Abteilwagen. Dazu Straßenbahnen, mit denen das Ganze ja einmal angefangen hat, aus Hamburg und Kiel, aus Berlin, Hannover, Dortmund, München – auch ein Pferdebahnwagen, Straßenbahngüterwagen, Streuwagen, Schmierwagen, und, und, und . . .

Der Museumszug des Regionalen Verkehrsmuseums Schönberger Strand, hier unterwegs nach Kiel.

Lokschuppen Aumühle (Hamburg)

Träger: Verein Verkehrsamateure und Museumsbahn e. V., Hamburg

Lage: Aumühle, am Bahnhof; Anfahrt mit der S-Bahn Linie S 21 oder mit dem Auto von Hamburg über Bergedorf zum S-Bahnhof Aumühle

Auskunft: Verein Verkehrsamateure und Museumsbahn e. V., Hamburg, 2000 Hamburg 26, Dimpfelweg 10, Tel. 0 40/6 56 42 25

Der Lokschuppen Aumühle ist das zweite Museum der Hamburger «Verkehrsamateure». «Inmitten des herrlichen Sachsenwaldes», schrieb der Verein, wonach es wohl nicht falsch ist, wenn ich Ihnen empfehle, den Ausflug zum Eisenbahnmuseum mit einem ausgiebigen Waldspaziergang und nachfolgender Einkehr zu verbinden.

Im ehemaligen Lokomotivschuppen der Deutschen Bundesbahn werden historische Lokomotiven und Wagen restauriert und rekonstruiert. Arbeitstage sind die Wochenenden, und die sind auch die Besuchstage mit der Bitte, nicht allzusehr im Wege zu stehen.

In Aumühle sind Triebfahrzeuge abgestellt. Drei Dampflokomotiven:

	Nr. 2	Nr. 3	Nr. 14
Bauart	Bnt	Cnt	1'C1' h2t
Baujahr	1920	1920	1929
Erbauer	Hanomag	Henschel	Henschel

Nr. 2 und 3 fuhren für die Kali-Chemie, Nr. 3 findet auch für den Museumszug Schönberg – Schönberger Strand Verwendung. Nr. 14 war bei der Eutin-Lübecker Eisenbahn, dann bei der Teutoburger Wald-Eisenbahn und, als dort die Stunde der

Tag der Offenen Tür im Lokschuppen Aumühle (Hamburg). Hamburger S-Bahn-Züge von gestern und heute.

Dampfloks geschlagen hatte, bei der Farge-Vegesacker Eisenbahn.

Beachten Sie die Diesellokomotive V 12 von 1922 (!), allerdings mit jüngerem Motor, und die V 10 mit Kettenantrieb. Von der Hamburger S-Bahn stammt ein vorbildlich restaurierter S-Bahn-Triebwagen ET 99 1624 a + b. Er wurde 1927 von der WUMAG in Görlitz gebaut, als es in Hamburg noch Oberleitungen gab, und war bis zur Einstellung des Wechselstrombetriebs 1955 im Einsatz. Vor nicht allzulanger Zeit kam dazu – in schlechtem Zustand, was jahrelange Arbeit erforderte – einer der ersten Wagen der Hamburger S-Bahn – aus Karl-Marx-Stadt.

Beliebt sind die Aktionstage in Aumühle im Frühjahr und Herbst, aber Sie können den werkenden Vereinsmitgliedern ja an jedem Wochenende über die Schulter schauen und sicher manche Anregung mitnehmen, vielleicht die, selbst in einen Verein von Eisenbahnfans einzutreten.

Eisenbahnmuseum Wilhelmsburg (Hamburg)

Träger: Freunde der Eisenbahn e. V., Hamburg (FdE)
Lage: Bahnbetriebswerk Hamburg 4, Hamburg-Wilhelmsburg, Vogelhüttendeich 174; Anfahrt mit der S-Bahn Linie S 3 oder S 31 bis Veddel, von dort mit dem Bus Linie 155 bis Vogelhüttendeich.
Auskunft: Freunde der Eisenbahn, 2000 Hamburg 36, Postfach 30 17 28, Tel. 0 40/61 07 42 (Richter) oder 0 40/7 23 26 96 (Minning).

Von den 25 Gleisen der Lokomotiv-Rundhalle des Bahnbetriebswerkes Hamburg 4 hat der Verein 17 Gleise gemietet. Dort wird inmitten eines durch Industrie geprägten Stadtteils ein streng regional begrenztes Eisenbahnmuseum unterhalten. Man konzentriert sich auf die Epoche zwischen den beiden Weltkriegen, die «Reichsbahnzeit».
Besucher sind an Samstagen zwischen 11 und 17 Uhr willkommen, an anderen Tagen ist Anmeldung und Absprache nötig. Anfang September eines jeden Jahres gibt es als Sonderveranstaltung einen «Tag der offenen Tore», um eine breite Öffentlichkeit über das Geleistete zu unterrichten, denn ständig sind die Mitglieder ehrenamtlich tätig, Fahrzeuge und Gebäude herzurichten und zu unterhalten. Gutnachbarliches Verhältnis zur DB ermöglicht es, viele Veranstaltungen zu beschicken.

Zu sehen bekommen Sie drei Vertreter der Streckenlokomotiven, die 44 594, 78 468 und 94 1692 – oder für diejenigen, denen diese Bezeichnungen nicht geläufig sind wie die eigene Hausnummer: eine Güterzuglokomotive 1'Eh3 mit Schlepptender, aus der Reichsbahnzeit; eine preußische T 18, Personenzugtenderlokomotive der Bauart 2'C2'h2; eine preußische T 16^1, Güterzugtenderlokomotive Eh2, und zwar aus der Nachbauserie, die nach dem Ersten Weltkrieg direkt an die Deutsche Reichsbahn ging. Alle drei sind schon «Elefanten» gegen die

Lokomotive 44 594 vor dem Eisenbahnmuseum Wilhelmsburg.

Industrieloks, die das Bild abrunden, einschließlich der zum Thema des Museums passenden Dampfspeicherloks und Kleindiesellokomotiven.

Unter den Fahrzeugen mit Verbrennungsmotor muß ich Ihnen eins besonders ans Herz legen. Das ist ein Triebwagen aus der Mitte der dreißiger Jahre, damals (und heute im Museum) VT 137 138, von der Waggonfabrik Dessau, B'2', 21,9 m lang, 34,5 t schwer, mit einem 210 PS-Sechszylinder-Dieselmotor und 80 km/h schnell. Die Reichsbahn hatte in diesen Jahren eine große Anzahl von Triebwagen beschafft, unterschiedlichster Bauart für unterschiedliche Zwecke vom Schnelltriebwagen, dem «Fliegenden Hamburger», bis zum Nebenbahntriebwagen. Die Grundidee war, den Zugverkehr gegenüber der

Dampftraktion zu verdichten und damit attraktiver zu machen und gleichzeitig Kosten zu sparen, um so dem erstarkenden Kraftfahrzeugverkehr entgegenzuarbeiten. Unser Triebwagen nun ist – obwohl sein Äußeres den schneller-anspruchsvolleren Typen für Hauptbahnen weitgehend entspricht und sein Grundriß dem «Eilzugwagen-Grundriß» nachempfunden wurde, ganz klar eine Ausführung für Nebenbahnen, mit der Besonderheit einer mechanischen Kraftübertragung.
Unter den Wagen ist einer von der Altona-Kaltenkirchener Eisenbahn so gut wie zu Hause, «Celle – Wittingen» repräsentiert die Nebenbahn, «Bromberg» die politisch-militärischen Verirrungen und der Speisewagen WR4ü die große weite Welt. Dazu zwei Fahrzeuge der Hamburger Hafenbahn, die den regionalen Charakter der Sammlung unterstreichen.

Deutsches Feld- und Kleinbahnmuseum, Deinste

Träger: Deutsches Feld- und Kleinbahnmuseum e. V., 2161 Deinste, Kleinbahnhof

Lage: Lütjenkamp. Anfahrt mit der Museumsbahn ab Deinste, Kleinbahnhof (an der Eisenbahnlinie Stade – Bremervörde).

Auskunft: Uwe Bandhold, 2100 Hamburg 90, Corduaweg 13, Tel. 040/7908858, und Jörg Rogge, Schlachthofstraße 7, 2850 Bremerhaven, Tel. 0471/58849

Man erreicht das Eisenbahnmuseum eingestimmt mit der Museumsbahn, die ein Teil von ihm ist. Eigentlich beginnt so das Museum schon am Kleinbahnhof Deinste, am Tor des Lokschuppens. Betriebs- und Öffnungstage sind die Oster- und Pfingsttage sowie die ersten Sonntage der Monate Juni bis Oktober. Fünf Hin- und Rückfahrten am Vor- und Nachmittag geben die Möglichkeit, die Länge des Museumsbesuches jedem Grad von Interesse anzupassen. Nach besonderer Absprache werden auch Sonderfahrten für Gruppen durchgeführt, allerdings stets nur an Wochenenden.
Die einen Kilometer lange Demonstrationsstrecke wurde für den Museumsbahnbetrieb angelegt, stilgerecht meist mit Holzschwellen, genagelt oder verschraubt, in den stärker belasteten Krümmungen mit Unterlegplatten versehen. Dazu gehören drei Bahnhöfe, Abfahrt und Ankunft und der Unterwegsbahnhof Hagel mit einem einfachen Stichgleis, um eine Zugkreuzung zu ermöglichen.
Die Schausammlung und die Werkstatt befindet sich in Lütjenkamp in einem angepachteten und für diese Zwecke hergerichteten ehemaligen Weideschuppen. Der Museumsbesuch einschließlich Fahrt kostet DM 3,50 für Erwachsene, DM 2,– für Kinder.
Die Schausammlung trägt zur Klärung der Begriffe bei: «Feldbahn» ist das Pioniergerät des Feldheeres, die Bahn des Feld-

herrn; ihr Merkmal ist das «fliegende», d. h. ohne Unterbau schnell zu verlegende Gleis. «Erfinder» dieses Baukasten-Systems ist die französische Firma Decauville. Die Vorteile der Bauart machten sich in gleicher Weise Bauern und Bauarbeiter, Holzfäller und Torfstecher zunutze. Voraussetzung ist leichte Bauweise der Fahrzeuge, der Vorteil gegenüber anderen Transportmitteln der geringe Energieaufwand durch die Kombination von Rad und Schiene. Hinzu kam die in Deutschlands Vergangenheit manchmal überaus wichtige Möglichkeit, ausschließlich heimische Rohstoffe wie Kohle, Holz und Torf zum Betrieb verwenden zu können. Feldbahnen waren immer Arbeitsgerät, ihre Geschichte ist zugleich eine Geschichte der arbeitenden Menschen.

Der Museumszug mit Dampflok Nr. 7. Vor dem Schuppen die im Rangierdienst eingesetzte Diesellok Nr. 11. Links ist die 500-mm-Dampfspeicherlok zu sehen.

Der zweite Begriff ist Kleinbahn: Da schleicht sich schon etwas Romantik ein, wenig berechtigt, obwohl die ländliche Bevölkerung oft ein geradezu liebevolles Verhältnis zu «ihrem» Bimmelbähnchen entwickelte. Es war für sie der Anschluß an die

Denkmalslok im Museum Lütjenkamp: E-Lok 3, 1902, Eigenbau der Dörentruper Sand- und Tonwerke.

große Welt und die Garantie, daß das Gefälle von Wirtschaft und Wohlstand, Zivilisation und Kultur zwischen Stadt und Land nicht noch größer wurde. Kleinbahnen waren (sind) Nebenbahnen auf schmaler Spur, bis hinab zu 600 mm.
Das «DFKM» besitzt zwei Dampflokomotiven, von denen die Nr. 7 nach einer umfangreichen, fast einem Neubau gleichkommenden Hauptuntersuchung wieder betriebsfähig ist und mit dem Museumszug fährt, eine Bn2t, Jahrgang 1936, von Schwartzkopff, Leistung 44 PS, Gewicht acht Tonnen.
Unter den Dieselloks sind mit der HF 130 C, HF 50 B und OMZ 122 die wesentlichsten Typen der Heeresfeldbahn vertreten. Die HF 130 C ist mit einem Gewicht von 16,5 t (Achsdruck 5,5 t) das schwerste Fahrzeug für die 600-mm-Feldbahnspur in Europa. Weiter geht es über einen Schmalspur-Triebwagen aus dem Torfwerk Neudorf-Platendorf bis hinunter zum Schienenkuli, der mit nur 6 PS einen ganzen Zug Kipploren zieht, 8 km/h «schnell».
Bei den Wagen sind zwei Heeresfeldbahnwagen von 1919 (mit Drehgestellen der Muskauer Waldbahn) zu nennen, die den Museumszug bilden und neben manchem anderen zwei «Fakultativwagen», also sowohl für die Beförderung von Personen als auch von Fracht eingerichtete Wagen der Mecklenburg-Pommerschen Schmalspurbahnen (MPSB) von 1911, und Heeresfeldbahn-Flachwagen von 1943 mit «Losradsätzen», das heißt, die Räder einer Achse können sich unabhängig voneinander drehen.
Zu all dem kommen Schautafeln und Fotos und ein Angebot feldbahnspezifischer Literatur. Das sollte einen Besuch wert sein.

Museum für Verkehr und Technik, Berlin

Träger: Land Berlin, Senator für kulturelle Angelegenheiten
Lage: Berlin-Kreuzberg, Trebbiner Straße 9. Anfahrt mit U-Bahn Linie 1 bis Gleisdreieck, Linie 7 bis Möckernbrücke, Bus A 29 bis Schöneberger Ufer. Wegen begrenzter Parkmöglichkeiten empfiehlt das Museum die Fahrt mit öffentlichen Verkehrsmitteln.
Auskunft: Museum für Verkehr und Technik, Öffentlichkeitsarbeit, 1000 Berlin 61, Trebbiner Straße 9, Tel. 030/25484110/125

Die Öffnungszeiten sind Samstag und Sonntag 10–18 Uhr, Dienstag–Freitag 9–18 Uhr. Das Museum ist montags geschlossen (außer Oster- und Pfingstmontag), ebenso am Heiligabend und 1. Weihnachtsfeiertag, Silvester, Neujahr, 1. Mai.
Der Eintritt kostet DM 3,50, Kinder, Studenten und Rentner zahlen DM 1,80, Gruppen ab 10 Personen pro Person DM 1,50. Kostenpflichtige Führungen können arrangiert werden, auch in Fremdsprachen.
Das Museum ist jung, steht aber in der Tradition einer ganzen Reihe beachtlicher Sammlungen zum Themenkreis Verkehr und Technik in der alten Reichshauptstadt vom Reichspostmuseum (1872) über das alte Verkehrs- und Baumuseum (1906) bis zur Deutschen Luftfahrt-Sammlung (1936). 1983 wurde das erste Ausstellungsgebäude in der Trebbiner Straße eröffnet, das 1908 erbaute Wohn-, Fabrik- und Pferdestallgebäude (mit Pferdetreppe) der Markt- und Kühlhallengesellschaft. 1987 wurde der erste Lokschuppen, 1988 der zweite Lokschuppen als Ausstellungsbereich Schienenverkehr eingerichtet. In der fast unübersehbaren Breite der im Museum angesprochenen Themen: Berlin und die Eisenbahn – das ist schon etwas Besonderes.
So liegt das Museum auf dem ehemaligen Bahnbetriebsgelände des Anhalter Bahnhofs mit den beiden Ringlokschuppen, Beamtenwohnhaus und Wasserturm. Die Eisenbahn-Abteilung erreichen Sie durch die Haupthalle, dann durch eine Brücke zu den Lokschuppen, die selbst (mit dem alten «Fürstenportal»

des Anhalter Bahnhofs von 1880) das größte Exponat sind, denn zum stilgerechten Wiederaufbau gehörte auch die Wiederherstellung der Drehscheiben, die ursprünglich 12,5 m Durchmesser hatten und mit den Lokomotiven der Anhaltischen Eisenbahn und der späteren Preußischen Staatsbahn und Deutschen Reichsbahn bis auf 23 m Durchmesser wuchsen. Dazu gehörten Wasserkräne und Kohlenbansen, Besandungsturm und Schlackengruben, wie sie in einem Lokschuppen nicht zu entbehren sind. Drei Gleise verblieben im Zustand von 1952, als die im Zweiten Weltkrieg von Bomben stark beschädigte Anlage stillgelegt wurde.

Vor die Frage gestellt, wie man die vielfältige Geschichte der Eisenbahn überschaubar darstellen solle, entschied man sich in Berlin für eine universale Betrachtungsweise, die alle Aspekte von der Fahrzeugtechnik bis zu den sozialen Auswirkungen von Eisenbahnbau und -abbau zusammenfaßt und die Entwicklung in Schritte zerlegt, die durch Jahreszahlen gekennzeichnet sind. Daß dabei manches Detail «überschritten» wird, mußte in Kauf genommen werden. Hier werden keine fertigen Antworten, sondern Anregungen gegeben.

1800 Natürlich hat George Stephenson die Eisenbahn nicht «erfunden». Er fügte zwei vorhandene Sachen zusammen: die Schienenbahn, die es seit dem ausgehenden Mittelalter in Bergwerken gab, und die Dampfmaschine, und übergab dies der Öffentlichkeit. Die Exponate zeigen eine erste Form der planmäßig angelegten Straße, einen germanischen Bohlenweg durchs Moor, einen Wagen auf gußeisernen Winkelschienen (1776) und eine Dampfmaschine (Borsig 1859).

1816 1801 stellte der Engländer Richard Trevithick eine Dampfmaschine auf Räder. Er baute das Modell eines Dampfwagens. Im Jahr darauf stand der erste Dampfwagen auf Schienen. Allerorten wurde experimentiert. Die Königliche Eisengießerei in Berlin schickte ihren Inspektor Krigar nach England. Der baute nach seiner Rückkehr 1816 einen Dampfwagen. Doch paßte der nicht auf die für ihn vorgesehenen Schienen in Schlesien und man hörte nie wieder von ihm.

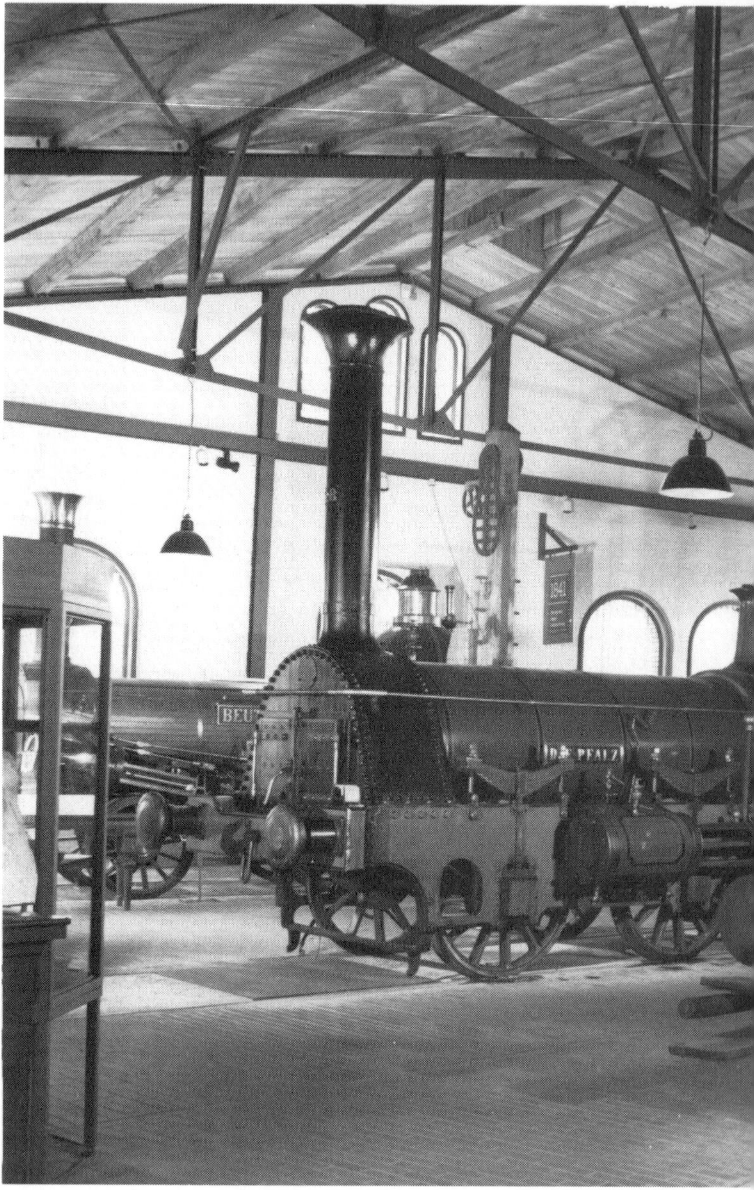

Blick in den Lokschuppen I mit den historischen Lokomotiven «Beuth»,

«Pfalz» und «680».

1835 Erste Eisenbahn in Deutschland. Zuvor hatte Stephenson 1825 die erste dem öffentlichen Verkehr dienende Eisenbahn zwischen Stockton und Darlington bauen und beim Lokomotivrennen von Rainhill 1829 mit der «Rocket» eine leistungsfähige und zuverlässige Lokomotive vorstellen können. England lag vorn – Deutschlands erste Lokomotive und ihr Lokomotivführer kamen per Schiff von dort.

1841 August Borsig aus Breslau hatte sich 1837 in Berlin als Eisengießer selbständig gemacht und baute 1841 eine erste Lokomotive nach amerikanischem Vorbild. Die Eigenkonstruktion von 1844 nannte er «Beuth» nach seinem Lehrmeister, dem Leiter der Berliner Gewerbeschule. Die «Beuth» wurde ein Schlager, 71 Stück konnten verkauft werden, ein guter Anfang für eine deutsche Eisenbahnindustrie.

1848 Private Gesellschaften bauten in schneller Folge Eisenbahnen von Berlin in alle Richtungen: Anhalt 1841, Frankfurt an der Oder 1842, Stettin 1842, Hamburg 1846. Die vor der Stadt liegenden Kopfbahnhöfe wurden aus militärischen Gründen 1851 durch eine «Verbindungsbahn» miteinander verknüpft. In Süddeutschland dominierten die in staatlicher Regie gebauten und betriebenen Bahnen.

1866 Eisenbahnbau öffnete Investoren und Spekulanten neue Perspektiven. Eine der umstrittenen Figuren war der «Eisenbahnkönig» Strousberg, dessen Imperium, 3000 km Strekken zwischen Deutschland und Rumänien und eine eigene Lokomotivfabrik (später Hanomag), im Börsenkrach von 1873 unterging.

1871 Der Krieg von 1870/71 hatte gezeigt, wie wichtig die Eisenbahn für das Kriegführen ist. Bismarck wollte alle deutschen Eisenbahnen dem «Reich» unterstellen, stieß aber auf den Widerstand der Länder. In Preußen verstaatlichte Verkehrsminister Maybach die Eisenbahnen, neue strategische Linien nach Westen (Moselbahn) wurden gebaut, die Eisenbahnen in Elsaß-Lothringen wurden «Reichseisenbahnen».

1879 Auf der Berliner Gewerbe-Ausstellung führte Werner Siemens (damals noch nicht «von») die erste elektrische Lokomotive vor. Sie war für eine Kohlengrube konstruiert. 1881 fuhr in Berlin-Lichterfelde die erste elektrische Straßenbahn. 1886 begannen in Württemberg erste Versuche, Verbrennungsmotoren in Schienenfahrzeuge einzubauen.

1880 Berlin war Millionenstadt geworden, die moderne Verkehrsmittel benötigte. Ab 1871 wurde die Ringbahn gebaut (und teilweise mit doppelstöckigen Fahrzeugen betrieben), die großen Fernbahnhöfe entstanden. Ab 1882 durchquerten Fern- und Lokalzüge auf der Stadtbahn die Metropole, ab 1891 bekamen alle Fernstrecken gesonderte Gleise für den Vorortverkehr.

1890 Die Vielfalt der von den Privatbahnen übernommenen Lokomotiven setzte die preußische Eisenbahnverwaltung Normen entgegen. Neu sind «Verbundlokomotiven» mit zweistufiger Dampfdehnung zur besseren Ausnutzung der Energie.

1892 Nachdem das Netz der Fernverbindungen geknüpft ist, müssen Lokalbahnen die «Fläche» erschließen und ein weiteres wirtschaftliches und kulturelles Gefälle zwischen Stadt und Land verhindern. Neue Rechtsgrundlagen wie das preußische Kleinbahngesetz von 1892 schaffen die Voraussetzungen, auch Nebenbahnen rentabel zu betreiben. Diese Bahnen werden oftmals von Privatunternehmern oder Gesellschaften betrieben, von Städten und Landkreisen getragen.

1895 Die Eisenbahn hat einen neuen Stil des Reisens geschaffen und es neuen Schichten ermöglicht, der Bildung und der Erholung wegen. Schlaf- und Speisewagen, Heizung und Beleuchtung im Zug machten das Reisen angenehm.

1899 Daß die Eisenbahn auch zum Mittel der großen Politik wird, beweist die «Bagdadbahn», die geplante Erschließung des Nahen Ostens für deutsches Kapital mit Hilfe der Deutschen Bank, deren Bau durch den Ersten Weltkrieg (den sie mit ausgelöst hat) vorzeitig abgebrochen wurde. «Kolonialbahnen» erschließen die Kolonien und abhängigen Gebiete der Welt für die europäischen Kolonialmächte als Rohstoffquellen und Absatzgebiete.

1906 Die Einführung der Heißdampflok mit auf 350° Celsius erhitztem Dampf war ein Markstein im Dampflokomotivbau. Als Exponate zwei Beispiele der «normalisierten» preußischen Lokomotivbaureihen: S (Schnellzuglok) 10 und P (Personenzuglok) 8, eine der erfolgreichsten deutschen Lokomotivkonstruktionen – mehr als 3800 Stück wurden gebaut.

Metallbearbeitung zwischen 1860 und 1925. Eine Reminiszenz an den traditionsreichen Berliner Lokomotivbau. Das Museum für Verkehr und Technik hat auch anderes zu bieten – außer Eisenbahnen.

1908 Es gab mehr als eine halbe Million Eisenbahner, die die große damals konkurrenzlose Maschinerie Eisenbahn bedienten, allein 350 000 in Preußen, in ein streng hierarchisches, beinahe militärisches Reglement eingebunden. Trotzdem war man stolz, Eisenbahner zu sein.

1909 Das Zeitalter der Elektrizität erschloß auch der Eisenbahn neue Möglichkeiten. Ab 1900 experimentierte man auf der Wannseebahn mit Gleichstrom. 1903 erreichte ein Elektrotriebwagen mit Drehstromantrieb eine Geschwindigkeit von 210 km/h. Bei solch stürmischer Entwicklung waren der Phantasie keine Grenzen gesetzt.

1914 Der erste große Eisenbahnkrieg. Man fuhr mit der Bahn ins Feld und kehrte – hatte man Glück – per Lazarettzug heim. Schmalspurige Militär-«Feldbahnen» machten Geschichte.

1918 Der Krieg hinterließ eine desolate Eisenbahn. Gebietsabtretungen, Reparationslieferungen. 5000 Lokomotiven mußten den Kriegsgegnern überlassen werden. Die ausgestellte Elektrolok E 71 wurde 1914 begonnen, 1922 fertiggestellt.
1920 Nach den Bestimmungen der Weimarer Verfassung werden die Länderbahnen in der Deutschen Reichsbahn zusammengefaßt. Die dient ab 1924 als Pfand für einen Teil der Reparationszahlungen aus dem Ersten Weltkrieg – und zahlt bis 1932 jährlich 600 Millionen Goldmark.
1927 Um die schlimmsten Lücken zu stopfen, wurden bis 1925 Lokomotiven der Länderbahnen nachgebaut, danach kam die Entwicklung der Einheitslokomotiven. Deutschland hatte dreißig Lokomotivfabriken, die auch in alle Welt exportierten. Ein Teil von ihnen fiel der Weltwirtschaftskrise zum Opfer.
1932 Nach dem Abschluß der Experimentierphase wurden die ersten größeren Serien von Elektroloks aufgelegt. 1932 gab es 400 solcher Lokomotiven in Deutschland und 1638 Bahnkilometer mit Oberleitung. Die Reichsbahn fuhr mit 15 000 Volt Einphasen-Wechselstrom, die Berliner Stadt- und Vorortbahnen mit dem für den Massenverkehr eher geeigneten Gleichstrom 750 Volt.
1933 Mit der weiteren Motorisierung des Straßenverkehrs und dem Bau der Reichsautobahn begannen Kraftwagen zur Konkurrenz für die Eisenbahn zu werden. Der Verbrennungsmotor erschien auch als Antrieb von Schnelltriebwagen für den Städteverkehr und in kleineren Fahrzeugen für Nebenbahnen und den Rangierdienst auf der Schiene.
1935 Hier wird an die vielen Werks- und Industriebahnen erinnert, die parallel zum öffentlichen Eisenbahnnetz angelegt wurden. Die Ausstellung zeigt als Beispiel eine Elektrolok aus einem Braunkohlentagebau. Dort wird Kohle für Bahnstrom transportiert. Die Elektrifizierung der Bahn ging in Gebieten mit Braunkohleabbau und solchen mit Wasserkraft (Bayern) zügig voran.
1937 Julius Dorpmüller (1869–1945) wurde zur Symbolfigur der deutschen Eisenbahn. Seit 1920 Reichsbahner, 1926 Generaldirektor der Reichsbahn-Gesellschaft, 1937 Verkehrsmini-

ster. – 1945 beauftragten die Siegermächte ihn, den Wiederaufbau zu leiten, doch starb er bald darauf.

1938 Neue Schnellzugloks mit windschnittiger Stromlinienform wurden bestellt, im bald folgenden Zweiten Weltkrieg bestand daran jedoch kaum noch Interesse. Im Kampf um höhere Geschwindigkeiten hatten der Schienenzeppelin (1930, 230 km/h) und die Stromlinienlok Baureihe 05 (1936, 200,4 km/h) Marken gesetzt.

1940 Seit 1933 waren die Eisenbahnen konsequent in Kriegsvorbereitung und Eroberungspolitik eingebunden worden. Zuerst durch die Säuberungen unter den Mitarbeitern, dann durch die Beschaffung geeigneten Materials und durch die Übernahme der Bahnen in den «angegliederten» und eroberten Gebieten.

1942 Weil die Eisenbahnen mit wachsender Dauer des Krieges nicht allen Anforderungen entsprechen konnten, bekam der neue Rüstungsministert Alber Speer alle Vollmachten, den Lokomotivbau besser zu organisieren. Es entstanden einfache, schnell und billig zu bauende «Kriegsloks».

1943 Auch bei den schlimmsten Greueln der Naziherrschaft hat die Reichsbahn ihre Rolle gespielt: beim Transport von Millionen Menschen in Konzentrations- und Vernichtungslager, peinlich nach Kilometerleistung abgerechnet mit der Gestapo.

1948 Die Nachkriegszeit beherrscht eine ganz andere Eisenbahn: die Trümmerbahn, die mit Kipploren die verwüsteten Städte durchfährt. Zu ihr gehören die Trümmerfrauen, deren Männer gefallen waren oder sich noch in Kriegsgefangenschaft befanden.

1952 Hier Deutsche Bundesbahn, dort Deutsche Reichsbahn – wie das Land wurde auch die Eisenbahn geteilt. Mit der Massenmotorisierung beginnen neue Schwierigkeiten der Bahn, der Konkurrenzkampf Schiene–Straße entbrennt. Eine Reaktion darauf ist der Schienenbus, der die Rentabilität wenig befahrener Strecken sichern soll.

1960 Der Bau von Dampflokomotiven wurde beendet. Die Diesellokomotive gab die Möglichkeit, ohne die großen und langwierigen Investitionen einer Elektrifizierung die Dampflokomotiven abzulösen. Die V 200 wurde zum Symbol einer Epoche technischen Fortschritts.

1967 Die Europalok, eine elektrische Viersystemlok, überwindet die Grenzen. Voraussetzung für ein europäisches Verkehrssystem.

1980 Die Eisenbahn gestaltet ihre Zukunft. Tempo 200 ist seit 1965 keine Utopie mehr, Schnellfahrstrecken sind im Bau, auf denen der ICE ab 1991 mit 250 km/h verkehren soll. Man arbeitet an neuartigen radlosen Magnetschwebebahnen für den Nah- und Fernverkehr.

Die Fülle des Gezeigten wird kaum bei einem einmaligen Besuch zu erfassen sein, auch wenn die Betrachtung durch einen erholsamen Spaziergang im «Mühlenpark» oder gar durch eine Mahlzeit im Restaurant des Museums unterbrochen wird. Doch Berlin ist immer eine Reise wert, nicht nur wegen seiner Museen.

Zu Besuch im Museum für Verkehr und Technik, Berlin: Die 02 0201-0 (ex 181 D1) der Deutschen Reichsbahn auf der Drehscheibe. Die 2'Cl'h3 mit 2300 mm großen Treibrädern entstand 1961 in der DDR als Umbau als Versuchslok für hohe Geschwindigkeiten.

Berliner Eisenbahnfreunde

Träger: Berliner Eisenbahnfreunde e. V.
Lage: Betriebsgelände Waldstraße 13d in Berlin-Reinickendorf
Auskunft: Geschäftsstelle 1000 Berlin 61, Stresemannstraße 30, geöffnet mittwochs 16–19 Uhr, Tel. 0 30/2 51 10 81

Fahrtage sind zu Himmelfahrt und im September, in der Zwischenzeit kann an jedem Sonnabend zwischen 11 und 16 Uhr das Betriebsgelände besichtigt werden, telefonische Anmeldung unter 4 12 30 70 ist erbeten.

Museumszug mit der Lokomotive «Ampflwang» auf der Reinickendorfer Industriebahn.

Noch mehr als vorher steht die Erhaltung des Museumszuges im Mittelpunkt der Vereinsarbeit, seit 1988 ein Vertrag zwischen der Deutschen Reichsbahn, der Reinickendorfer Industriebahn GmbH und dem Verein geschlossen wurde, der die Durchführung des Museumsbahnbetriebs in Berlin sicherstellt. Der Museumszug besteht aus einer Dn2t, die nach ihrem letzten Einsatzort in Österreich «Ampflwang» genannt wurde, und einigen «Donnerbüchsen» mit dazu passendem Gepäckwagen. Einer der Personenwagen wurde zum Bufettwagen ausgebaut. Dazu kommen eine weitere Dampflok, ein Schienenbus mit Beiwagen, kleinere Diesellokomotiven, Güterwagen verschiedener Bauart und Herkunft, Draisinen mit und ohne Motorantrieb ...
Auf zwei Ausstellungsstücke will ich Sie besonders aufmerksam machen. Da ist zunächst ein preußischer Postwagen von 1888, wohl der letzte seines Typs, in der Art der preußischen dreiachsigen Abteilwagen konzipiert. Er ist als Verkaufsstand für Souvenirs vorgesehen. Jünger und lebendiger ist ein Ausstellungsstück, das Sie auch nur hier sehen können: der Berliner U-Bahn-Triebwagen 128 (1927/1929), von denen die BVG hier einen kompletten betriebsfähig erhaltenen Wagenzug hinterstellt hat, der zu besonderen Anlässen verkehrt.

Braunschweigisches Eisenbahnmuseum

Träger:	Verein Braunschweiger Verkehrsfreunde e. V.
Lage:	Braunschweig, Schwartzkopffstraße. Anfahrt vom Hauptbahnhof über die Salzdahlumer Straße, hinter den drei Eisenbahnbrücken links parallel dem Bahnkörper und die vierte Straße rechts.
Auskunft:	3300 Braunschweig, Postfach 5323, Tel. Donnerstag 19–21 Uhr, Samstag 9–18 Uhr 0531/692002

Das Gelände der Braunschweiger Verkehrsfreunde ist Teil des früheren Bundesbahn-Ausbesserungswerkes (1928 als Reichsbahn-Ausbesserungswerk errichtet), in dem bis 1977 Dampflokomotiven betreut und ausgebessert wurden. Der Zugang ist unscheinbar, eine Beschilderung – noch – nicht vorhanden. Daß man sich noch nicht recht in die Rolle eines Museums gefunden hat, besagt auch, daß es weder Eintrittszeiten noch Eintrittsgebühren gibt. Man schaut am Sonnabend, wenn «Arbeitszeit» ist, hinein und findet ein familiär-kollegiales Verhältnis zu den Eisenbahnfreaks des Vereins.
Dabei empfehle ich, schon wegen des Parkraums, «von hinten» über das Bundesbahngelände anzufahren, denn dort gibt es eine informative erste Übersicht. Direkt hinter dem Zaun die Schiebebühne. Sie ist betriebsfähig und befördert die auf 30 (!) Gleisen stehenden Ausstellungsstücke bei Bedarf auf das Anschlußgleis der Bundesbahn. Immer dann, wenn es mit den Museumszügen auf die Strecke geht. Ihre Kraft von 60 kW nimmt die Schiebebühne aus einer Drei-Phasen-Oberleitung. Ihre Länge von 22 m reicht allgemein aus. Nur ein «Pärchen» von Umbauwagen Byge (zum Celler Landexpreß) sprengt den Rahmen und wird gegenüber dem Bundesbahn-Anschlußgleis aufgestellt.

Der Verein verfügt über mehr als 60 Fahrzeuge, davon zehn Dampfloks (zwei Dampfspeicherloks) und neun Dieselloks.

Freigelände des Braunschweiger Eisenbahnmuseums. Hier die Dampfspeicherlok BLME 182 «Misburg» zwischen einigen anderen Fahrzeugen der Braunschweigischen Landes-Museums-Eisenbahn BLME.

Dem Museumszug-Gedanken verpflichtet bemüht man sich, einen möglichst großen Teil der Fahrzeuge betriebsfertig zu erhalten, und das ist bisher auch bei rund der Hälfte gelungen. Genau: zwei Dampfloks und drei Strecken-Dieselloks, für zwei weitere Dampfloks gibt es «Optionen», doch davon später.
Der Blick über die Schiebebühne zeigt eine ganze Reihe verschiedenster Wagen (der ehemalige Anheizschuppen dahinter dient als Remise und Werkstatt). Sie bilden das Material für drei Züge. Dazu ist zu sagen, daß der Philosophie des Vereins entsprechend Exponate aus der regionalen Verkehrsgeschichte von Vorharzland und Heide gesammelt und betreut werden. Das sind keine monumentalen Denkmäler, vielmehr gilt hier small is beautyful und die Züge bestechen durch ihre Einheit des Stils und Vielfalt im Detail.

Da steht im Vordergrund der Preußenzug mit Holzwagen der Länderbahnzeit. Schwerpunkt Jahrhundertwende, mit dem Salon-Wagen «Potsdam», Baujahr 1878, ältester betriebsfähiger Personenwagen in der Bundesrepublik Deutschland. Der Veteran war zuletzt als Tunnelmeßwagen bei der DB und wurde in vielen Arbeitsstunden in den alten Zustand zurückversetzt, wie überhaupt die alten Wagen oft ein abenteuerliches Schicksal hinter sich haben, ehe sie hier zu neuem Glanz erstehen. Bei meinem Besuch stand ein Wagen in der Halle, dessen Holzaufbau restauriert wurde. Wer weiß, welche Momentaufnahme aus der Werkstattarbeit Sie bei Ihrem Besuch machen können?

Zweiter Museumszug ist der Celler Landexpreß mit dem Schwerpunkt Reichsbahnzeit, dritter der Harz-Heide-Expreß – es stehen genügend Personenwagen zur Verfügung, zum Teil aus dem Bestand der Lokalbahnen, die später zu den Osthannoverschen Eisenbahnen zusammengefaßt wurden. Dazu kommen Büfettwagen und Güterwagen als Getränkelager und zur Beförderung von Fahrrädern, denn die Museumszüge fahren in das Ausflugsparadies Heide. Nicht zu ändern ist, daß während der Saison die Zahl der Ausstellungsstücke schrumpft.

Neben den betriebsfähigen Dampfloks (Cn2t, 1925 und Dn2t, 1925) ein Exponat, das man nicht alle Tage sieht, eine Kleinlok Baureihe Köf II der DR aus dem ersten Baujahr 1934, mit einem später in der Art eines Schienenbusses umgebauten Führerhaus unter Verwendung einer Schienenbus-Falttür – ein absolutes Einzelstück.

Stolz ist man auf die so gut wie vollständige Reihe der deutschen Wehrmachts-Dieselloks, besonders die V 36^3 (V 36 311, Baujahr 1943). Sie ist Teil einer ganz kleinen, von den Deutschen Werken Kiel (heute MAK) gebauten Sonderserie mit mechanischem Getriebe.

Vom Optimismus der Braunschweiger Verkehrsfreunde zeugen die beiden «Optionen» auf weitere Dampflokomotiven. Eine preußische T 3 erscheint nicht als Problem, wohl aber das Vorhaben, aus zwei Lokomotiven oder besser den Resten davon eine preußische T 9.1 zu rekonstruieren. Von dieser C1'n2t, die von 1892 bis etwa 1915 gebaut wurde, nahm die Preußische

Aufarbeitung einer preußischen T 9.1 im Braunschweiger Eisenbahnmuseum. Die Lokomotive wurde von den Radsätzen gehoben und wird vollständig zerlegt.

Staatsbahn 408 Stück ab, von denen noch drei existieren, davon die beiden Exemplare hier (eine Baujahr 1913, zuletzt Frankfurt-Königsteiner Eisenbahn, zur Ergänzung eine zweite, Baujahr 1898, zuletzt Zechenlok Eschweiler Bergwerksverein), aus denen in den nächsten Jahren eine neue Lok entstehen soll, die sicher dem «Preußenzug» oder dem «Celler Landexpreß» noch mehr Freunde werben wird. Die Lok ist 11,2 m lang und hat eine Dienstmasse von 54 t. Leistung 450 PS und 60 km/h Höchstgeschwindigkeit. Obwohl sie allgemein als Tenderlok für den schweren Güterzugdienst bezeichnet wird, ist doch auch ihre Eignung für den Personenverkehr durch die relativ großen Treibräder von 1350 mm gegeben.
Wünschen wir also der neuen T 9.1 wie den Braunschweiger Eisenbahnfreunden allezeit gute Fahrt!

Feldbahnsammlung der Eisenbahnfreunde Lengerich

Träger: Eisenbahnfreunde Lengerich e. V.
Lage: Lengerich, Lienener Straße. Anfahrt von Lengerich Stadtmitte in Richtung Bad Iburg
Auskunft: Eisenbahnfreunde Lengerich e. V., Michael Stolze, 4542 Tecklenburg 1, Postfach 11 28, Tel. 0 54 82/19 97

Man vermeidet bewußt das Wort «Museum», das wäre zu hoch gegriffen. Für den an Feldbahnen Interessierten zeigt der Verein aber etwa zwanzig Dieselloks der unterschiedlichsten Bauart und Herkunft (eine Dampflok steht «kalt» als Denkmal auf dem Gelände), Grubenpersonenwagen der Zeche Ibbenbüren, Güterwagen, Flach- und Kipploren . . .
Ausgangspunkt der Vereinsarbeit war die Modellbahn, Ort das ehemaligen DB-Stellwerk LN (Lengerich Nord). Dazu gesellten sich zwei Lokschuppen (einer mit Schiebebühne) mit Unterstellmöglichkeit für 20 Lokomotiven und eine Vorführstrecke.
Gerade im Raum Lengerich, so schreibt der Verein, entstanden nach 1880 vielerlei Feldbahnen zum Transport in Steinbrüchen, in Tongruben und Mooren, zwischen den Fertigungsstätten größerer Betriebe, auf Baustellen für Straße und Bahn (wie den Lengericher Tunnel) und beim Bau des Dortmund-Ems-Kanals.
In den Kalkwerken zum Beispiel waren die Feldbahnen, die das Gestein vom Steinbruch zum Kalkofen beförderten, oft als Seilbahn ausgebildet, so daß die vom höher gelegenen Steinbruch herabrollenden Loren gleichzeitig leere hinaufzogen. Im Steinbruch erfolgte der Verschub oft per Hand. Die letzte dieser Feldbahnen diente nach Stillegung des Kalkwerkes in Höste dem Transport von Pferdemist für den Nachmieter – eine Champignonzucht. Heute werden industrielle Transportaufgaben durch Förderbänder und Kraftfahrzeuge erledigt.

Einen regelmäßigen Museumsbahnbetrieb oder «Öffnungszeiten» gibt es nicht. Sonntags zwischen 11 und 12 Uhr ist immer jemand anzutreffen. Im übrigen ist man gern bereit, über Kontaktadresse oder Telefon einen Termin zu machen und über Veranstaltungen zu informieren.

Die Demonstrationsstrecke des Museums verläuft in einem verwilderten Garten.

Regionales Eisenbahnmuseum Maximilianpark in Hamm

Träger: Museumseisenbahn Hamm e. V.
Lage: Hamm, Grenzwege 76 (Maximilianspark), im östlichen Stadtgebiet (ausgeschildert)
Auskunft: Hammer Eisenbahnfreunde, 4700 Hamm 1, Postfach 26 11, Tel. 0 23 81/2 34 00

Der Maximilianpark ist täglich von 10 bis 18 Uhr geöffnet, mit der Zahlung des Park-Eintrittsgeldes von DM 2,– haben Sie auch das Recht erworben, die im Museums-Teil aufgestellten Fahrzeuge anzuschauen. Es ist manches dabei, was als Rarität bezeichnet werden muß. Nähere Einzelheiten erfragen Sie am besten an den Fahrtagen der Museumseisenbahn. Führungen für Gruppen gibt es – nach Vereinbarung – alle Tage.
Der Name «Regionales Verkehrsmuseum» beantwortet die erste Frage. Hamm wurde schon 1847 Eisenbahnstadt, 12 Jahre nach der Einweihung der ersten deutschen Eisenbahn, wurde Eisenbahnknotenpunkt zur Abfuhr der Erzeugnisse des Ruhrgebiets (zunächst in Richtung Weser = Wasserstraße), wurde einer der wichtigsten Verschiebebahnhöfe Deutschlands und Lokwechselstation. Diese Verbundenheit der Stadt Hamm mit der Eisenbahn ließ hier ein Eisenbahnmuseum entstehen, und zwar nicht irgendeins, sondern ein regionales mit dem Thema Hamm und die Eisenbahn. Das Thema fächert sich auf von der Nebenbahn Hamm – Lippborg, die sich als Museumsstrecke am Park vorbeizieht, bis zu den «Elefanten» für den Schwerverkehr, der 44er und der V 200.

Alle, die einmal Lokomotivführer werden wollten, fasziniert natürlich eine schwere Schlepptenderlok. Die 44 1558 (Baujahr 1942, Lokomotivfabrik Borsig, Henningsdorf) ist einer der Höhepunkte deutschen Dampflokomotivbaus: Bauart 1'Eh3t, 22,62 m lang, 169,5 t schwer, 1910 PS. Von 1926 bis zum Ende des Zweiten Weltkrieges wurden etwa 2000 Stück gebaut. Hatte

Gleich neben dem Bahnhof der Museumsbahn – hinter dem Parkeingang links –

man die leistungsstarken Lokomotiven zunächst für den schweren Güterzugdienst auf steigungsreichen Strecken vorgesehen, so eroberte sich die 44 nach dem Krieg mit immer steigenden Zuglasten auch das Flachland. Unsere Veteranin ist lange im Ganzzugverkehr mit Kohlen- und Erzzügen unterwegs gewesen. Ihre letzte Fahrt unternahm sie – damals schon Museumslok – im Dezember 1979.

Das Thema Hamm ist auch bei der V 200 033 präsent, bei Ablösung der Dampftraktion für den «hochwertigen Reisezugverkehr», aber hin und wieder auch schnelle Güterzüge, ab 1959 Heimatstandort, später Diesel-Versuchs-Betriebswerk. Mit der Elektrifizierung wanderten die V 200 in Randgebiete der Bundesrepublik aus, wurden zum Nahverkehrs- und Wendezugbetrieb abgestuft und mit Auslaufen der Untersuchungsfrist jeweils aus dem Verkehr gezogen. Eine ganze Reihe wurden ins Ausland verkauft, so an eine italienische Gleisbaufirma, ebenfalls für Bauzüge bis nach Saudi-Arabien und seit neuestem in die Schweiz. Zwei betriebsfertige gibt es noch in der Bundesre-

eine Freilichtausstellung ruhrgebietstypischer Schienenfahrzeuge.

publik Deutschland, die Aufarbeitung der V 200 033 – betriebsfertig – schließt man in Hamm nicht aus.

Betriebsfähig sind dagegen die für den Museumszug bereitgehaltenen 80 039, Ch2t, Baujahr 1929, von Hohenzollern in Düsseldorf, und die Bn2t «Hermann Heye», Baujahr 1941, von Jung. Beide sind typische Industrieloks. Ebenso die Radbod, Cn2t, 1906, Hohenzollern, die aufgearbeitet wird. Dazu kommen zwei zweigekuppelte Dieselloks und – wiederum eine Besonderheit – die zweigekuppelte Diesellok DEL 110, dieselelektrisch, aus dem Jahre 1938 von Henschel.

Wie weit das Thema Eisenbahn reicht, zeigt eine feuerlose Dampfspeicherlok, wie sie in feuer- und explosionsgefährdeten Betrieben als Werklok Dienst taten. Die «Eduard Hoffmann» genannte zweigekuppelte Lok war von 1907 bis 1983 bei der Stärkefabrik Hoffmann in Bad Salzuflen unterwegs. Sie fuhr mit Dampf, der in einer stationären Anlage erzeugt wurde.

Unter den Dieselfahrzeugen auch ein Triebwagen, den man nicht alle Tage sieht. VT 60 531 aus dem Jahr 1940, gebaut von

DÜWAG, 240 PS, Bauart (A)'2', für 58 Fahrgäste. Er fährt mit dieselhydraulischem Antrieb und kam zuletzt als Funkmeßwagen durch die ganze Bundesrepublik, bis er 1979 ausgemustert wurde. Er wird in den Zustand der 50er Jahre versetzt und betriebsfähig aufgearbeitet.
Über den Schienenbus gehen Museumsfreaks mit Achselzukken hinweg. Er stellt eine wesentliche Epoche deutscher Nachkriegseisenbahn dar und ist im Museumsbahnbetrieb sicher ebenso preisgünstig und problemlos wie ehemals im ländlich ausgedünnten Personenverkehr der DB. Dagegen ist der Beiwagen etwas Besonderes: Er wurde zum Speisewagen ausgebaut.
Eines der eindrucksvollsten Stücke ist der Triebwagenkopf 430 103 – wieder ein Stück echter Ruhrgebiets-Eisenbahngeschichte. Er verließ 1956 das Herstellerwerk, Waggonfabrik Westwaggon, Werk Köln-Deutz. Da die Fahrdrähte, unter denen er fahren sollte, aber noch nicht gespannt waren, erfolgte der erste Einsatz im Raum Nürnberg/München. 1957 konnte dann ein elektrischer Inselbetrieb zwischen Düsseldorf und Hamm eingerichtet werden. Die Triebwagen hatten eine solche Beschleunigungskraft, daß im Nahschnellverkehr bis zu 50% Zeit gegenüber der Dampftraktion eingespart werden konnte die ihrerseits (als Ruhr-Schnell-Verkehr, 30 Sekunden Aufenthalt) schon keinen Vergleich zu scheuen brauchte. 27 Jahre dauerte diese Periode, 1984 verkehrte der «430» zum letzten Mal, – und die Reihe der Triebfahrzeuge schließt mit einer malerischen Handdraisine (etwa 1920), die nach der Aufarbeitung 1985 die Hammer Oberbürgermeisterin Frau Zech und Herr Kraft, Präsident der DB-Bezirksdirektion Essen, in schöner Gemeinsamkeit wieder in Gang setzten.
Bei den Personenwagen konzentrierten sich die Hammer Eisenbahnfreunde auf Wagen der Einheitsbauarten, welche die Reichsbahn für den Nebenbahnbetrieb verwendete. Man hatte damit stilgerechtes Material für den Museumszug, Länderbauarten waren bei anderen Museumsbahnen und Sammlungen beinahe überreichlich vorhanden. Ein Vierter-Klasse-Wagen Cd 21b, Baujahr 1927, ist als Verkaufswagen eingerichtet. Ein Personenwagen BCi 29, 2./3. Klasse, Baujahr 1929, dient z. T.

als Werkstattwagen. In Aufarbeitung ist ein Cid 27 (4. Klasse), Baujahr 1927. Dazu gibt es einen Behelfspersonenwagen von 1944, Umbauwagen, und – als Bonbon – einen Bahnpostwagen Post 2-a/14,5, Baujahr 1955, mit kompletter Inneneinrichtung, der der Arbeitsgemeinschaft Bahnpost gehört.
Ebenfalls ein Einzelstück ist der preußische Schnellzugwagen Pr 4Cü 08 (etwa 1905).
Der beschränkte Raum führt dazu, daß nicht alle Stücke der Fahrzeugsammlung auf den Museumsgleisen aufgestellt werden können. Die wichtigsten, davon können Sie ausgehen, die 44 und die V 200, den Triebwagenkopf 430 und den preußischen Schnellzugwagen, sehen Sie allemal. Im übrigen aber findet ab und an ein Wechsel statt – ein Grund, wieder mal vorbeizukommen und reinzuschauen.

Die nicht im Museumspark ausgestellten Stücke sind an anderen allgemein nicht zugänglichen Stellen hinterstellt. Sie können in Ausnahmefällen nach vorheriger Anmeldung an Wochenenden besichtigt werden.

Eisenbahnmuseum Bochum-Dahlhausen

Träger: Deutsche Gesellschaft für Eisenbahngeschichte e. V., Sitz Karlsruhe

Lage: Bochum-Dahlhausen, Dr.-C.-Otto-Straße 191; Anfahrt Bahnhof Bochum-Dahlhausen, von dort an Sonn- und Feiertagen während des Sommerfahrplans halbstündlich Schienenbus-Pendelverkehr, mit dem Auto über die Autobahnen A 430 (Abfahrt Bochum-Wattenscheid West) oder A 43 (Abfahrt Herbede, über Blankenstein, Hattingen), ab Bochum-Dahlhausen und Bochum-Linden ausgeschildert.

Auskunft: Eisenbahnmuseum Bochum-Dahlhausen, 4630 Bochum 5, Dr.-C.-Otto-Straße 191, Tel. während der Öffnungszeiten 02 34/49 25 16

Das Museum ist mittwochs und freitags von 10 bis 17 Uhr geöffnet, an Sonn- und Feiertagen von 10 bis 12.45 Uhr (nicht vom 22. 12. bis 5. 1.). Der Eintrittspreis beträgt DM 4,–, für Kinder (4–12 Jahre) DM 2,–, Führungen werden nach vorheriger Absprache arrangiert.
Der 14ständige Ringlokschuppen an der Ruhrtalstrecke mit allem, was dazu gehört, mit Drehscheibe, Kohlenbansen, Bekohlungskran, Wasserturm und Stellwerk gibt dem Museumsareal die richtige Atmosphäre. Die Sammlung umfaßt mehr als 110 Fahrzeuge, von denen hin und wieder einige unterwegs sind, sei es mit dem Museumszug im Ruhrtal, zu auswärtigen Gastrollen oder zu Film- und Fernsehaufnahmen. Die Fahrzeughalle mit ihren vier Gleisen faßt die Reisezugwagen, die Güterwagen allerdings müssen immer noch unter freiem Himmel stehen.

Rückgrat fast jedes Eisenbahnmuseums sind die Dampfloks. Hier gibt man sich Mühe, die Entwicklung möglichst lückenlos darzustellen, allerdings geht die Reihe der Exponate «nur» bis 1893 zurück: Die preußische Güterzuglok T 9.1 Cöln 7270

Mitarbeiterinnen und Mitarbeiter des Museums: Gruppenbild mit Damen.

(DR-Baureihe 90, Bauart C1'n2). Sie ist eine Tenderlok mit «Adamsachse», eine nach ihrem Erfinder benannte, sich selbst radial einstellende Achse ohne Drehzapfen mit einer eine Verschiebung zulassenden Achslagerung. Die Dienstmasse von 54,5 t verteilt sich auf drei Treibachsen (Reibungsmasse 41,5 t) und eine Laufachse bei einer Achslast von maximal 14,2 t. Die Leistung ist mit 450 PS angegeben, die Höchstgeschwindigkeit mit 60 km/h. Die Maschinen bewährten sich gut, von 1892 bis nach dem Ersten Weltkrieg wurden 639 Stück gebaut.

Die Reihe wird fortgesetzt durch 55 3345, eine weitere preußische Güterzuglok der Baureihe G 8.1, Bauart Dh2, ein Hit deutschen Dampflokomotivenbaus. Von 1913 bis 1921 wurden mehr als 5200 gebaut, davon 4948 für das Land Preußen, und 1945 waren im Westen und Osten Deutschlands noch mehr als 1000 im Einsatz. Auch hier ein paar Daten: 1260 PS, Höchstgeschwindigkeit 55 km/h, Dienstmasse 115,7 t.

Die 74 1192 hieß bei der preußischen Staatsbahn T 12. Sie war

als Personenzug-Tenderlok konzipiert. Bauart 1'Ch2, gebaut von 1902 bis 1921, etwa 1000 Stück, von denen die meisten wiederum an die Preußische Staatsbahn gingen. Die Treibräder sind mit 1500 mm ∅ größer als die der vorgenannten Güterzuglokomotiven (1350 mm), die Geschwindigkeit mit 80 km/h höher, die Leistung ist mit 870 PS angegeben. Sie war die klassische Berliner Stadtbahnlokomotive.
Die Einheitsloks der Deutschen Reichsbahn sind mit der 01 und der 80 vertreten, besondere Höhepunkte bei den Länderbahnloks sind die preußische T 20 und die württembergische 97 502. Die erste dieser beiden Kraftpakete, eine 1'E1'h2 (1922–1924) hatte die Aufgabe, auf Steilstrecken Zahnradlokomotiven abzulösen. Sie tat das mit 1620 PS bei 127 t Dienstmasse mit der Achslast von 19,5 t. Die 97.5 stammt aus einer Reihe von nur vier Zahnradlokomotiven, die 1923 bis 1925 bei der Maschinenfabrik Eßlingen für die Steilstrecke Honau–Lichtenstein der Württembergischen Staatsbahn gebaut wur-

Die preußische G 8.1 vor dem Ringlokschuppen.

den. Sie lösten leichtere Zahnradlokomotiven ab und wurden 1961 durch Zahnrad-Schienenbusse ersetzt. Bauart Eh2(4v), 850 PS, 74,9 t, Höchstgeschwindigkeit 50 km/h, auf der Zahnstange 10 km/h.
Da das Museum mitten im Ruhrgebiet steht, wird daran erinnert, welchen großen Stellenwert Werksbahnen haben, und es werden eine ganze Reihe von dazugehörigen Lokomotiven gezeigt, die keinesfalls alle klein, leicht und von einfachem Bau sind. Das Gegenbeispiel ist die Eh2 Hibernia 41-E von Henschel (1942) für die gleichnamige Zechengesellschaft.
Nehmen wir Abschied von den Dampflokomotiven mit der «Neubaureihe» 66, der letzten nur in zwei Stück gebauten Tenderlokomotive der DB, Henschel, Baujahr 1955, Bauart 1'C2'h2.

Unter den Elektroloks ist die älteste eine Bo'Bo' mit der Nummer 3. Sie wurde 1913 von der AEG für die Beförderung von

Der Wismarer Schienenbus und die V 36 am Museumsbahnsteig.

Der Straße-Schiene-Bus wird auf die Schienen-Drehgestelle geschoben.

Bahnpostwagen innerhalb Berlins gebaut. Eine der ersten Serien-Elektroloks ist die bayerische E 32 27 (1'C1') mit Stangenantrieb, Baujahr 1925, Stundenleistung 1170 kW, Dienstmasse 84,8 t, Höchstgeschwindigkeit 75 km/h. Die Lokomotive war im süddeutschen Raum im Einsatz.

Direkt aus München kommt der ET 8507 (mit Steuerwagen 8515), für den Münchener Vorortverkehr konzipiert. Bauart Bo'2', Baujahr 1927, zugelassen für eine Höchstgeschwindigkeit von 85 km/h. Das waren die ersten original-elektrischen Triebwagen für die Münchner Vorortstrecken nach deren Elektrifizierung. Zuvor hatte man vier Dampftriebwagen für elektrischen Antrieb umgebaut.

Ins Ruhrgebiet und auf die Werkshöfe führen uns dann die Verbrennungslokomotiven zurück. Die älteste: 1912, eine «Petroleum-Motorlok» von Deutz mit Einzylinder-Motor, großem Schwungrad und einer Seiltrommel (Spillanlage) für komplizierte Rangiermanöver. 12,4 t, 35 PS.

Dann einer der immer gern gesehenen Wismarer Schienenbusse, diese gelungene Kreuzung von Bus und Eisenbahn, Nothelfer der Nebenbahnen, die allerorten die zärtlichsten Kosenamen führen, vom Ameisenbär bis zum Schweineschnäuzchen. Der VT 2 (Bauart A1), Baujahr 1936, kommt von der Bremen-Thedinghauser Eisenbahn. Er besorgt den Pendelverkehr zwischen dem S-Bahnhof und dem Museum.
Eine Reihe von – wie üblich, möchte ich fast sagen – Kleindieselloks, V 36, Uerdinger Schienenbus . . . Halt! Da kommt noch eine Delikatesse, ein Schienenbus der DB, der sowohl auf der Schiene als auch auf der Straße fahren kann. Er wurde nach dem Zweiten Weltkrieg parallel zum Schienenbus entwickelt, schlug aber nicht ein. Unser Exemplar ist bis 1967 auf Schiene und Straße zwischen Koblenz und Betzdorf gefahren. Dieses etwas seltsam anmutende Gefährt ist für eine Höchstgeschwindigkeit von 80 km/h zugelassen, 7,5 t schwer und hat 43 Sitzplätze und 24 Stehplätze.

Das älteste Ausstellungsstück ist ein Güterwagen von etwa 1850, das älteste betriebsfähige ein preußischer Nebenbahnwagen 4. Klasse von 1898. Man hat sich besonders – und auch das hat wieder mit der Geographie zu tun – auf preußische Personenwagen – Abteilwagen – konzentriert und verfügt heute über drei mit Holzaufbau aus den Jahren 1912 bis 1920 und zwei jüngeren mit Stahlaufbau, so daß das Museum als einziges in der Bundesrepublik in der Lage ist, einen stilreinen preußischen Abteilwagenzug zusammenzustellen. Daneben sind Donnerbüchsen, Umbauwagen und einige interessante Schnellzug- und Eilzugwagen aus verschiedenen Epochen zu sehen.
Wie gewöhnlich stehen die Güterwagen am Ende des Rundgangs. Sicherlich ist ihre optische (und akustische) Attraktivität nicht mit der der Lokomotiven zu vergleichen, doch meine ich, sie kämen in mancher Hinsicht und an vielen Stellen zu kurz. Der Zahl nach, der wirtschaftlichen und sozialen Bedeutung des Güterverkehrs und ihrer Rolle im künftigen Wettbewerb zwischen Schiene und Straße, dessen Ergebnis weitgehend vom Eingehen der Konkurrenten auf die Wünsche der Verfrachter abhängt, und das ist nach dem Anschlußgleis nun einmal die

Bauart der Wagen, ihre Form, Tragkraft und Beladbarkeit. Hier gibt es zum Beispiel einen Fischtransportwagen für lebende Fische, der auf seinen Fahrten bis in die Türkei bis zu zehn Tagen unterwegs war, mit zwei Fischbecken und einem Dieselmotor zum Umpumpen und Erneuern des Wassers. Aktueller sind Stichwörter wie Ganzzüge und kundeneigene Güterwagen, für die Zukunft der Huckepackverkehr über lange Strecken – in den Alpenländern macht man Ernst damit.
Grubenfahrzeuge, Feldbahnmaterial und eine fast unübersehbare Reihe kleiner Exponate, das «Drum und Dran« des Eisenbahnbetriebs mit Draisinen, Signalen, Werkzeugen, Fahrkartendrucker – rechnen Sie damit, noch einmal wiederkommen zu müssen, um sich alles in Ruhe ansehen zu können.

Eisenbahnmuseum Bochum-Dahlhausen, Ringlokschuppen.

Feld- und Werksbahnmuseum Rommerskirchen-Oekoven

Träger: Feld- und Werksbahnmuseum e. V., Sitz Grevenbroich

Lage: Oekoven, Kreis Neuss. Anfahrt von Rommerskirchen oder Grevenbroich auf der B 59, Abfahrt zwischen Sinsteden und Allrath nach Oekoven, vor der Bahnkreuzung links.

Auskunft: Feld- und Werksbahnmuseum e. V., Postanschrift 4049 Rommerskirchen, Postfach 12 63, Tel. 0 21 83/8 11 79 (auf dem Museumsgelände Tel. 0 21 83/90 69)

Die Besichtigung ist an jedem Sonnabend möglich, die Tore sind von 14 bis 18 Uhr geöffnet, der Eintritt ist frei. An bestimmten Wochenenden, die von Jahr zu Jahr neu festgelegt werden, findet Personenverkehr auf der Schiene statt.
In Oekoven wird deutlich, wie schwer die Abgrenzung zwischen Museumseisenbahn und Eisenbahnmuseum ist. Hat sich der Begriff «rollendes Museum» inzwischen auch eingebürgert, so spricht man hier von «Demonstrationsbetrieb», und das scheint mir genau richtig und dem Demonstrationsobjekt angemessen.
Der 1976 gegründete Verein hat es sich zur Aufgabe gemacht, einen möglichst breiten Überblick über 600-mm-Bahnen zu geben. Eine dankbare Aufgabe, ist das Kapitel der Feld- und Werksbahnen – bis auf den Bergbau – doch weitgehend abgeschlossen. Es ist in der Rückschau als wesentlicher Teil der «Mechanisierung» und der «Industrialisierung» zu betrachten: jede Großbaustelle begann mit der Anlage einer Feldbahn, jeder Steinbruch, jede Ziegelei . . . Feld- und Werksbahnen (die es übrigens mit Holzschienen und Spurnagel schon seit etwa 500 Jahren gibt) lösten vielerlei Transportprobleme, vereinfachten manche «Schinderei» für Mensch und Tier. Und mußten schließlich dem Kraftwagen weichen. Ein Grund ist, daß der

Fahrbetrieb mit der Holzgaslokomotive Nr. 16.

noch beweglicher ist als das transportable Gleis. Der Lokomotivführer (... schwarz ist sein Gesicht wie Kohle) am Reglerhebel wurde durch den auf körpergerecht gearbeiteten Polstern sitzenden Kraftfahrer abgelöst.
Es bleibt Erinnerung, oft romantisch verklärt (weil die von der Kohlenschaufel herrührenden Schwielen längst vergessen sind), und deshalb empfinde ich es als bedauerlich, daß in vielen Eisenbahnmuseen auf eine didaktische Aufbereitung verzichtet wird. Um es ganz einfach zu sagen: Ich vermisse Tafeln mit Schriften und dokumentarischen Bildern, die die Lokomotiven und Wagen aus unserer Zeit in die ihrer Entstehung und ihres Gebrauchs zurückführen, in die natürliche Umgebung versetzen und ihnen damit eine gewisse heimatlose Exotik nehmen, die sie so ausstrahlen.
Natürlich ist es für die Vereine schwer und oft unmöglich, mit wenigen ehrenamtlichen Helfern solch hochgesteckten Erwartungen zu entsprechen, um so mehr freuen wir uns dann, einen sachkundigen und engagierten, von seinem aufwendigen Hobby durch und durch gepackten Führer zu bekommen.

Die Gillbachbahn besitzt derzeit fünf Dampflokomotiven, 45 Diesellokomotiven, vier Elektrolokomotiven, eine Akkulokomotive und eine Holzgaslokomotive. Gerade die (unser Bild) ist eine interessante Konstruktion der benzinarmen Notjahre im und nach dem Zweiten Weltkrieg. Die Lok Nr. 16 (Schöma KML 5 1, B-gm) wurde 1946 an die Baufirma Runkel in Hoffnungsthal geliefert und kam dort nie zum Einsatz. Es mag den an aktuelle Größenordnungen gewöhnten Leser interessieren, daß das Vehikel 3640 mm lang ist bei 980 mm Achsstand und der 2-Zylinder-Viertakt-Vergasermotor von Deutz bei 1000 U/min 25 PS leistet. Es hat drei Gänge für die Geschwindigkeit 6, 12 und 18 km/h und frißt Holz, Braunkohlenbriketts oder Torf: bei Vollast 0,8 bis 1kg Holz und Briketts pro PS-Stunde, oder 1 bis 1,2 kg Torf.
Nicht alle Lokomotiven und Wagen sind unter Dach oder im Freigelände zu sehen, noch weniger sind alle fahrfertig, sind doch allein vier der fünf Dampfloks von Kinderspielplätzen geborgen. Die Aufarbeitung verlangt die Herstellung ganz neuer

Teile, was mit enormem Zeitaufwand und hohen Kosten verbunden ist. So wähnt sich mancher Besucher eher in einer Werkstatt als in einem Museum, und der technisch Interessierte genießt das.
Es ist eine Besonderheit des Kleinbahn-Sammelns, daß die Objekte oft einen abenteuerlichen Weg hinter sich gebracht haben und daß dieser oft gar nicht zu rekonstruieren ist. Sie wirken, besonders die schmal-hohen Personenwagen, leicht skurril. Das Kleine wirkt oft besonders liebenswert – davon profitiert auch die Feldbahn.

Der Verein hat ein Grundstück von den Rheinischen Braunkohlewerken erworben, das so groß ist, daß dort auch der Demonstrationsbetrieb stattfinden kann. An ihm sind mehrere unterschiedliche Zuggarnituren beteiligt. Als eigentliches Museum ist das alte Bahnbetriebswerk mit dem Lokomotivschuppen zu bezeichnen, im Bahnhof Oekoven werden Sie vielleicht schon bei Ihrem Besuch einen Ausstellungsraum und eine Cafeteria vorfinden, auf jeden Fall aber am Eingang eine große RBW-(Rheinische Braunkohlenwerke-)Ellok – ausnahmsweise und dem Vereinsgrundsatz nicht entsprechend 900 mm Spurweite; sie ist die Dokumentation der Tatsache, daß wir uns hier im Bergbaugebiet befinden, ist doch das Vereinsgelände selbst ein Teil Bergbaugeschichte, ehemals Grubenanschlußbahnhof.

Fahrzeugsammlung Hessencourrier (Kassel)

Träger: Arbeitskreis Historischer Zug der Hessencourrier e. V., Kassel
Lage: Bahnhof der Kassel-Naumburger Eisenbahn, Kassel-Wilhelmshöhe
Auskunft: AK Hessencourrier e. V., 3500 Kassel, Kaulenbergstraße 5, Tel. 05 61/3 59 25

Kein Museum – aber zu sehen gibt es doch etwas, nämlich den unter freiem Himmel abgestellten Museumszug und noch andere Fahrzeuge – insgesamt mehr als dreißig hat der Hessencourrier inzwischen auf seinem Gelände versammelt. Wer es nun aus irgendwelchen Gründen nicht einrichten kann, an Verkehrstagen des Museumszuges nach Kassel zu kommen oder wer ganz in Ruhe Einzelheiten anschauen oder erfragen will: Samstags von 10 bis 17 Uhr ist Arbeitszeit und Sie werden immer jemand antreffen, werden allerdings sowohl auf ein Dach über dem Kopf wie auf eine museumsdidaktische Aufbereitung oder eine Führung verzichten müssen.
Thema der Sammlung ist der «Interkommunikationswagen», also der Durchgangswagen mit Übergangsmöglichkeit, wie er in Amerika entwickelt und in Süddeutschland übernommen wurde. Ausgangspunkt ist die Kassel-Naumburger Eisenbahn, von der auch die Lok des Museumszuges stammt, die HC 206 aus dem Jahre 1941. Die Lokomotive ist eine Delikatesse für Eisenbahnfreunde. Die ersten Exemplare des für die kurvenreiche Strecke von Krauss & Co. gebauten Fünfkupplers (1925) hatten seitenverschiebbare Achsen, die letzten beiden von 1938 und 1941 (jetzt Krauss-Maffei) hatten verbesserte Laufwerke mit Beugniot-Hebeln. Die Lok 206 stand zeitweise in Naumburg als Denkmallok.
Beugniot-Hebel? Es ist keine Schande, mit der Bezeichnung nichts anfangen zu können. Deshalb zitiere ich Flury: «Schon Baldwin hatte 1848 zwei benachbarte, seitenverschiebbare

Achsen durch Seitenbleche so beschränkt, daß sich eine gegenseitige Beeinflussung ergab, die den Führungsdruck pro Rad halbierte. Elf Jahre später nahm Beugniot diese Idee auf, indem zwei waagerechte Doppelhebel, sogenannte Beugniot-Hebel, die am Rahmen befestigt waren, den Führungsdruck von zwei sich folgenden Achsen halbierten. An modernen Schmalspur(?)-Fünfkupplern lebte dieses System später wieder auf.»

Eisenbahnmuseum Bebra

Träger:	Fulda-Werra-Bahn e. V. und Eisenbahnfreunde Bebra e. V.
Lage:	Bebra, Am Wasserturm 1 (an der Rückseite des Bahnhofs Bebra)
Auskunft:	Manfred Schreiner, 6430 Bad Hersfeld, Güldene Kammer 24, Tel. 0 66 21/7 18 70

Das Museum befindet sich im Aufbau und soll Ende 1989 eröffnet werden. Bis dahin sind die Exponate – unter ihnen Regelspurloks und -wagen und Schmalspurfahrzeuge – der Öffentlichkeit unzugänglich untergestellt.
Da rollende Museumsstücke sich immer größerer Beliebtheit erfreuen, nennen wir zunächst eine 600-mm-Feldbahnanlage mit der V-Lok 1 (Deutz OMZ 117), die Betrieb auf dem Museumsgelände machen wird. Dazu gibt es eine abgestellte

Lorenzug mit V-Lok 1 des Eisenbahnmuseums Bebra.

Schmalspur-Dampflok Bn2t – Orenstein & Koppel 2908 von 1908 –, früher bei der Basaltindustrie Kassel. Die gut achtzigjährige Dame wird aufgearbeitet, dabei von 750 mm auf 600 mm umgespurt, und soll 1992 den Museumsbetrieb aufnehmen.
Ein Jahr zuvor wird mit der Fertigstellung der normalspurigen Diesellok Deutz 8404 gerechnet. Die B-Lok der früheren Erprather Mühlenbahn verdient eines Details ihres Weges halber die Erwähnung: Sie zog 1945, als durch Bombardements und Feuersturm die Oberleitungen zerstört waren, Straßenbahnwagen durch die Innenstadt von Köln.

Die Deutz-Lokomotive Nr. 8404 diente 1945, als alle Oberleitungen zerstört waren, in der Kölner Innenstadt als Straßenbahn. Die damals montierten Notkupplungen sind heute noch zu sehen.

Dazu: weitere Originalfahrzeuge, eine Modellbahnanlage im ehemaligen Bahnpostwagen, Fotos, Schilder, Uniformen, eine komplette Fahrkartenausgabe und eine Fahrkartensammlung. Das Museum wird am Sonnabend sowie an Sonn- und Feiertagen von 10 bis 17 Uhr geöffnet sein, für Gruppen nach Anmeldung auch an anderen Tagen.

Frankfurter Feldbahnmuseum

Träger:	Dampfbahn Rhein-Main e. V.
Lage:	Rebstockpark, Am Römerhof 15a (neben dem TÜV), Nähe Frankfurter Westkreuz
Auskunft:	Dampfbahn Rhein-Main e. V., 6000 Frankfurt am Main 90, Am Römerhof 15a, Tel. 069/709292

Nach einigen Übergangslösungen konnte der Verein 1987 «am Rebstock» ein seinen Vorstellungen entsprechendes Domizil beziehen: ein Museum, kombiniert mit Werkstatt zur Aufarbeitung und Unterhaltung des wachsenden Fahrzeugparks und die Möglichkeit zur Errichtung einer Demonstrationsstrecke.
Geöffnet ist das Museum an jedem ersten Sonntag im Monat von 14 bis 17 Uhr, Fahrbetrieb (10 bis 17 Uhr) ist derzeit an 18 Tagen im Jahr (nachfragen!), daneben gibt es Sonderveranstaltungen wie das «Frankfurter Feldbahnfest» jeweils im Frühjahr und Herbst, den Winterfahrtag unter dem Motto «Feldbahndampf und Glühwein» und die sich besonders an Schulklassen wendende «Schulwoche im Feldbahnmuseum». Für Gruppen sind Sonderarrangements möglich. Der Eintrittspreis beträgt DM 2,–; Kinder die Hälfte. Dasselbe kostet noch einmal das Feldbahnfahren.
Es ist die Aufgabe des Eisenbahnmuseums, nicht nur Technik zu demonstrieren, so sehr uns auch eine zischende Dampfmaschine mit nostalgischer Sympathie erfüllt. Eisenbahn ist mehr – ein Jahrhundert Welt-, Wirtschafts- und Sozialgeschichte zwischen Nürnberg und Nairobi, zwischen Orientexpreß und Grubenbahn.
In Frankfurt am Main wird das demonstriert durch Fotos, Dioramen, gesammelte Werkzeuge und Kleinteile. Die Schausammlung soll noch wesentlich erweitert werden.
Trotzdem – Hauptanziehungspunkt für jung und alt ist und bleibt das zischende, fauchende und pfeifende sich bewegende Dampfroß. Die Lage des Museums im Erholungsgebiet einer

Großstadt ist ideal. Wir waren an einem «Fahrtag» dort. Es wimmelte und krabbelte zwischen den Exponaten, es drückte sich in und um die Züge, trank Kaffee, aß Kuchen und Würstchen. Tombola, Verkauf von Literatur, mehr oder weniger tiefschürfende Fachgespräche ... Man ist versucht, Feldbahnfreaks ruhigere Tage zu empfehlen.
Daß eine so große Zahl von Vereinen sich auf Feld- und Kleinbahnen konzentriert, hat ganz einfache Gründe, nämlich finanzielle. Die schmale Spur entspricht dem schmalen Geldbeutel, der Fahrbetrieb läßt sich mit einigem Geschick improvisieren. Die Stillegung unendlich vieler Schmalspurbahnen hat viel Material freigesetzt. Und es sind auf dem großen Gebiet für engagierte Eisenbahnhistoriker noch wenig abgegraste Teilgebiete zu entdecken.

Fertigmachen zum Fahrtag. Die Kohle steht bereit.

Der Fahrbetrieb im Frankfurter Feldbahnmuseum wird durchweg mit ganz normalen «Bauloks» unterhalten, wie man sie damals «von der Stange» kaufte; einfach, benutzerfreundlich und pflegeleicht. Der Zug besteht aus einem selbstgebauten geschlossenen Personenwagen (bekanntlich ist der Personentransport den Bahnen dieser Spurweite nicht auf den Leib geschrieben und deshalb für die Museumsbahnen etwas problematisch) mit zwei Drehgestellen und Holzbänken aus alten Frankfurter Straßenbahnwagen sowie einem offenen Güterwagen, den die jugendlichen Passagiere bevorzugen.
Ein «echter» Personenwagen für den Museumszug wird in Kürze bereitstehen, ein 1942 bei Busch in Bautzen für die Deutsche Wehrmacht gebauter und in Polen gekaufter Mannschaftswagen mit zwei Drehgestellen, mit Stahlprofil und (zu restaurierendem) Holzaufbau, Längsbänken, Ofen und kleinen Klappfenstern. Der Durchgangswagen hat zwei Plattformen, dreiteilige Flügeltüren (für den Verwundetentransport) und Aufhängevorrichtungen für Tragen.
Überhaupt ist Polen derzeit das Dorado für Sammler und Einkäufer, haben sich doch dort aus der Kriegszeit eine ganze Reihe von Schmalspurbahnen erhalten und sind Jahrzehnte für den zivilen Bedarf gefahren.
Ein weiterer Griff in die Kriegsgeschichte ist das Paradestück der Ausstellung, die Dampflokomotive Nr. 8, eine Brigadelokomotive (Dn2t) aus dem Jahre 1914, die dann bis 1978 bei der Waldbahn Bad Muskau (DDR) lief.
Der Verein verfügt derzeit über elf Dampflokomotiven (in der Mehrzahl betriebsbereit), acht Diesellokomotiven (darunter eine der ältesten erhaltenen Diesellokomotiven aus den 20er Jahren, eine Grubenlokomotive ohne Führerhaus, Fabrikat Deutz) und vier Sonderfahrzeuge. Da bei weitem nicht alles unter Dach Platz hat, muß vieles im Freigelände abgestellt werden. So auch ein Diema-Gütertriebwagen, Baujahr 1973, Selbstfahrer mit 47-PS-Deutz-Motor, hydraulischer Kraftübertragung und Kardanantrieb, zwei angetriebenen Drehgestellen, das einzige bisher in einem Museum erhaltene Fahrzeug dieser Art. Der Diema-Gütertriebwagen wurde bis Anfang der 80er Jahre als Selbstentlader für den Rohstofftransport vom Ton-

Paradestück der Sammlung, die Brigadelok Nr. 8 Dn2t.

werk zu einer Ziegelei eingesetzt. Die modernen Gütertriebwagen konnten den Niedergang der Feldbahnen auch auf diesem Sektor nicht stoppen.
Bevor wir uns verabschieden, will ich Ihnen noch die letzten Erwerbungen vorstellen. Zwei HF 110 C Schlepptender-Lokomotiven, die aus Indien zurückkamen: Bauart Cn2, Hersteller Jung 1950/52, Dienstgewicht der Lokomotive 17 t, des Tenders 12,5 t, Leistung 110 PS (80 kW), Rad ∅ 700 mm. 1944 war mit dem Bau von insgesamt 30 Lokomotiven für die Deutsche Wehrmacht begonnen worden; 22 konnten noch bis Kriegsende an den Auftraggeber ausgeliefert werden. In den folgenden Jahren wurden weitere Maschinen fertiggestellt. Der Hersteller lieferte 1950 die erste an eine Zementfabrik in Indien. 1952 folgte die zweite, auch sie für den Verkehr zwischen den Steinbrüchen und der Fabrik bestimmt. 1988 erfolgte dann der

Fahrzeugparade vor der Ausstellungshalle. Links die Brigadelok Nr. 8 Dn2t.

Rücktransport der Lokomotiven in vier Containern, per Schiff von Kalkutta nach Hamburg und von dort per Bahn nach Frankfurt am Main. Hier harren sie der Aufarbeitung, was für den Verein eine Sache von Jahren sein wird – der Streckenbau hat Vorrang –, doch dann kann er seinen Museumsbesuchern etwas ganz Besonderes zeigen.

Dampflok-Museum Hermeskeil

Träger:	Privatbesitz Bernd Falz
Lage:	Hermeskeil, ehem. Bahnbetriebswerk am Bahnhof. Anfahrt über die A 1, Ausfahrt Hermeskeil zwischen Autobahndreieck Moseltal und Autobahndreieck Nonnweiler
Auskunft:	Dampflok-Museum Hermeskeil, 5508 Hermeskeil, Postfach 11 88, Tel. 0 65 03–12 04/0 68 51–62 60

Das Museum wurde 1986 eröffnet. Das Ziel war, Dampflokomotiven und die zu ihrer Unterhaltung benötigten Anlagen für die Nachwelt zu erhalten. Durch diese Initiative existiert heute noch der Ringschuppen am Bahnhof Hermeskeil mit sechs Ständen und einer funktionsfähigen Drehscheibe. Dazu vier große Dampflokomotiven, die 1976 von der DB ausgemustert wurden, vier weitere von der Deutschen Reichsbahn der DDR (1982) und eine Reihe weiterer Fahrzeuge. «Wer seinem Kind-

Lokschuppen des ehemaligen Bahnbetriebswerks mit sechs Ständen.

heitstraum nachtrauert, selbst einmal auf einer Lokomotive stehen zu dürfen, kann sich hier von der romantischen Welt der Dampfloks einfangen lassen und einfach eine der riesigen Maschinen besteigen.» Das sind Lokomotiven aus den Jahren 1937 bis 1943, also Höhepunkte des Dampflokbaus.
Die älteste der Lokomotiven ist die 01 204, 1937 gebaut von Henschel. Die Einheitslokomotiven der Baureihe 01 wurde seit 1925 gebaut, insgesamt 231 Stück taten bei der Deutschen Reichsbahn Dienst und waren dort das Rückgrat des Schnellzugverkehrs. Die Lokomotive ist knapp 24 m lang und entwikkelt eine Leistung von 2240 PS (1648 kW). Es ist hin und wieder notwendig, die Leistungen dieser Lokomotivriesen, die mit ihren mächtigen Rädern – die der 01 haben 2 m Durchmesser – wie Kraftpakete aussehen, mit denen heutiger Zugfahrzeuge zu

Baureihe 01, das Paradepferd der Reichsbahn. Die 2 Meter hohen Treibräder beeindrucken besonders, wenn man sie nicht wie gewohnt von der Höhe des Bahnsteigs, sondern von ebener Erde sieht.

vergleichen. So bringt es die Universallok der Schweizerischen Bundesbahnen, die Re 4/4 II, auf eine Stundenleistung von 4650 kW, die «Gotthardlok» Re 6/6 auf 7832 kW. Die Achsfolge der 01 ist 2'C1', es ist eine Zweizylinder-Heißdampflok.
Die 44 434 stammt ebenfalls von Henschel, Baujahr 1941. Eine Güterzuglokomotive mit Achsfolge 1'E (Fünfkuppler), als Einheitslokomotive seit 1926 gebaut, etwa 2000 insgesamt. Die Treibräder sind «nur» 1400 mm groß, die Höchstgeschwindigkeit ist 80 km, die Leistung 1910 PS (bei einigen Maschinen wurde sie nach dem Krieg durch Umbau auf Ölfeuerung auf 2100 PS gesteigert). Auch das ist eine Heißdampflokomotive, aber mit drei Zylindern, von denen einer zwischen den Rädern angeordnet ist.
Ganz ähnliche Daten hat die Einheitslok der Baureihe 50 (ab 1939), von der in Hermeskeil vier Exemplare stehen, die 50 607 des Jahrgangs 1940 und die 50 1446 von 1941, beide gebaut von Henschel, die 50 1832 (1941) von der Berliner Maschinenfabrik AG und die 50 3014 (1942) von der Maschinenfabrik Eßlingen. Gegenüber der 44 hat die Baureihe 50 wesentlich geringere Gewichte, was zu einem Achsdruck von 15,2 t führte. Damit konnte diese Lokomotive zur Universallok in den letzten Jahren des Dampfbetriebs werden. Sie hat zwei Zylinder und niedrigere Leistung: 1625 PS.
Ab 1943 gab es dann nur noch die vereinfachte «Kriegslokomotive» Baureihe 52, von der zwei Stücke in der Sammlung stehen, die 52 1423 (1943) der Maschinenfabrik Eßlingen und die 52 2093 desselben Jahrgangs von Henschel. Sie war konstruiert, um die Nachschubprobleme der deutschen Armee lösen zu helfen. Alles Entbehrliche entfiel, die Produktion sollte ohne Probleme vor sich gehen. Dabei entstand eine Lokomotive, die in Abmessungen und Leistung in etwa der Baureihe 50 entspricht, aber schon durch ihr «nacktes» Äußeres unverwechselbar ist. 6285 Stück sind gebaut worden, ein Teil noch nach Beendigung des Krieges, und sie wurden durch fast ganz Europa verstreut. Die DB hatte die letzten Kriegslokomotiven 1963 ausgemustert. Vielleicht interessiert Sie ein technisches Detail: 52 1423 mit Plattenrahmen, 52 2093 mit Barrenrahmen.
Versäumen Sie über die Lokomotiven nicht die anderen Aus-

stellungsstücke, die drei einstmals zum Orient-Expreß gehörenden Schlafwagen und den Mitropa-Speisewagen, einen Schienenbus mit Anhänger, Güterwagen und einen Eisenbahnkran.

Das Museum ist an allen Samstagen, Sonntagen und Feiertagen von 10 bis 18 Uhr geöffnet, wochentags vom 1. April bis 1. November von 10 bis 13 Uhr, während der Schulferien in Rheinland-Pfalz von 10 bis 18 Uhr. Der Eintrittspreis beträgt für Erwachsene DM 5,–, Ermäßigungen gibt es für Kinder, Schüler, Studenten und Wehrpflichtige (mit Ausweis) und Gruppen, die nach telefonischer Absprache auch außerhalb der genannten Zeiten eingelassen werden.

Eisenbahnmuseum Darmstadt-Kranichstein

Träger: Deutsche Museumseisenbahn e. V. (DME)
Lage: Darmstadt-Kranichstein, am (hinter dem) Bahnhof. Anfahrt von der Stadtmitte per Autobus oder mit dem Auto in Richtung Rödermark, ausgeschildert.
Auskunft: Deutsche Museums-Eisenbahn, 6100 Darmstadt, Steinstraße 7, Tel. (nur sonntags 10–16 Uhr) 06151/376401

Das Museum ist am Sonntag von 10 bis 16 Uhr geöffnet, Gruppen werden nach Vereinbarung – auch an anderen Tagen – geführt. Der Eintrittspreis beträgt für Erwachsene DM 3,–, Kinder die Hälfte.
Derzeit umfaßt die Fahrzeugsammlung etwa 100 Fahrzeuge, davon ein Drittel betriebsfähig. Neben dem Museum betreibt der Verein die Museumsbahnen Darmstadt-Ost – Bessunger Forsthaus und Kahl – Schöllkrippen am Main. Es gibt Vorträge für mehr oder weniger Fachkundige und die Möglichkeit, bei der Restaurierung alter Fahrzeuge unter Leitung erfahrener Fachleute mit Hand anzulegen, zu lernen oder Gelerntes anzuwenden.
Schwerpunkt der Vereinsarbeit ist die Restaurierung: «Vor allem aber sind wir wie kein anderer Verein imstande, an allen betriebsfähigen Dampflokomotiven sämtliche notwendigen Reparatur- und Instandhaltungsarbeiten durchzuführen. Besonders in der Kesselinstandsetzung sind wir eine der letzten Domänen in Deutschland überhaupt. Nicht nur die DB, die seit 1985 selbst wieder Dampfloks einsetzt, auch viele andere Vereine und Museumsbahnen – sogar aus Nachbarländern – schätzen immer wieder das Kranichsteiner Know-how in Sachen Dampflokomotiv-Ausbesserung und -Unterhaltung.»
Neben dem historischen Lehrstellwerk, neben Modellen (Main-Neckar-Strecke um 1846), neben Schienenprofilen, Signalen, Lampen und Laternen, alten Werbeschildern und was

es sonst noch alles um die Eisenbahn herum gibt – das größte Interesse finden immer die Dampfloks, die hier im Rundschuppen um die 23-m-Drehscheibe ihren Platz haben. 17 Lokomotiven, darunter elf Dampfloks, vier Dieselloks, eine Elektrolok und ein Schienenbus nennt der Verein. Schauen wir uns die an, die man «Rosinen» nennen könnte:

Da ist zuerst die bayerische Lokalbahnlok 98 727, die letzte normalspurige «Mallet» in Europa. Lokomotiven dieser Bauart haben zwei voneinander getrennte Triebwerke, die bessere Kurvenläufigkeit als die übliche Anordnung aller Treibachsen in einem starren Rahmen versprechen. Das System Mallet wurde für größte und schwerste Loks angewandt – vorwiegend in den USA. Hier nun geht es nicht um besonders großes Ge-

Bayerische Lokalbahnlok 98 727 – die letzte betriebsfähige normalspurige Mallet in Europa.

wicht oder besonders viele Kuppelachsen, sondern um die Bewältigung kleiner Gleisradien bei Nebenbahnen und eine Achslast von nur 10,7 t. Die Bauart dieser Lokomotive ist B'B'n4v. Die Hochdruckzylinder treiben zwei gekuppelte Treibachsen im Rahmen, die Niederdruckzylinder zwei gekuppelte Treibachsen in einem Drehgestell. Der neuralgische Punkt der Mallet-Lokomotiven war die bewegliche Dampfleitung zu den Niederdruckzylindern des Drehgestells. Unsere Lokomotive ist 10 m lang, hat 1 m hohe Räder, eine Leistung von 380 PS und darf 45 km/h schnell fahren. Sie wurde mit 30 anderen in den Jahren 1899 bis 1908 für die Bayerische Staatsbahn gebaut. Die 98 727 (bayer. BB II) fand ihren Weg über die Zuckerfabrik Regensburg ins Museum.

Festlicher Tag in Darmstadt-Kranichstein. Die Drehscheibe ist der Mittelpunkt des Museums. Vorne die 41 024, im Hintergrund hoher Besuch.

Zu den Oldtimern gehört auch die «56». Die preußische G7[3] wurde zuerst 1893 gebaut. Eine 1'Dn2v-Güterzuglokomotive. 1917 gingen bei einem Nachbau einige Stücke an Privatbahnen, so auch an die Lübeck-Büchener Eisenbahn wie die Museumslok.
Als Exote hat eine Zahnradbahnlokomotive aus Österreich ihren Weg nach Kranichstein gefunden. Es ist die 97 210 der steirischen Erzbergbahn (vgl. Zahnradbahnmuseum Vordernberg, Seite 154).
Zu den neueren – und schwereren – Dampflokomotiven ist anzumerken, daß die «44» (1'Eh3) die zur Zeit einzige betriebsfähige Lokomotive dieser Einheitsbaureihe der DR ist. Die 41 024 (1'D1'h2) gehört zu der Teilserie, die nach dem Zweiten Weltkrieg modernisiert und mit Ölhauptfeuerung ausgerüstet wurde. Die 23 042 (Personenzug-Schlepptenderlokomotive, 1'C1'h2) gehört zu den letzten Dampflokomotiven, die die DB nach dem Zweiten Weltkrieg in Auftrag gab.
Daneben stehen nun drei komplette Museumszüge – Garnituren zueinander und zu den Zugfahrzeugen passender Personenwagen – zur Verfügung. Das ist zunächst eine Komposition aus den bekannten «Donnerbüchsen». Dann ein Zug mit älteren Wagen, mit Holzaufbau, meist aus den 20er Jahren und von vielen Privatbahnen «zusammengeklaubt». Schließlich ein Schnellzug mit vierachsigen Ganzstahlwagen der DB aus den 30er und 40er Jahren im Zustand der 50er Jahre. Schlendern Sie über das Gelände und lassen Sie nichts aus. Manchmal ist das auf den ersten Blick Unbedeutende etwas für Sie ganz Besonderes.

Eisenbahnmuseum Neustadt/Weinstraße

Träger:	Deutsche Gesellschaft für Eisenbahngeschichte e. V. (DGEG)
Lage:	Neustadt an der Weinstraße, hinter dem Bahnhof
Auskunft:	Eisenbahnmuseum, 6730 Neustadt an der Weinstraße, Schillerstraße, Postfach 10 03 18, Tel. 0 63 21/3 03 90 oder 3 25 72 (Horst Kayser)

Wenn Sie mit der Bahn in Neustadt ankommen, dann sehen Sie das Museum gleich gegenüber dem Empfangsgebäude. Um es zu erreichen, müssen Sie aber über die Brücke einen Bogen bis zur Schillerstraße machen und dann eine Treppe hinunter. Dann sehen Sie den Lokschuppen wieder vor sich, in dem sich die Schausammlung befindet.
Das Museum ist ganzjährig am Samstag von 9 bis 16 Uhr, an Sonn- und Feiertagen von 10 bis 12.30 Uhr geöffnet. Erwachsene zahlen DM 3,–, Kinder die Hälfte, Führungen werden gern nach vorheriger Anmeldung arrangiert. Das Museum ist Heimatbahnhof der Museumsbahn «Kuckucksbähnel», die in den Sommermonaten zwischen Neustadt und Elmstein verkehrt. Bei geschickter Planung können Sie eins mit dem anderen verbinden.

Neustadt ist Zentrum der «Rheinpfalz» und des Weinbaus, es liegt etwa in der Mitte der Deutschen Weinstraße, die Landschaft ist bekannt für mildes Klima und deftige Küche. Außerdem ist in der Pfalz manches anders, denn das Land wurde durch die Nachbarschaft mit Frankreich geprägt und – merkwürdiger Gegensatz – vom Wiener Kongreß zu Bayern geschlagen. Eisenbahn fuhr man mit der Pfalzbahn, die erst 1909 ihre Selbständigkeit verlor und in deren Lokschuppen wir uns nun befinden.
Um so mehr ist es zu bedauern, daß ein Museumsstück wesentlicher regionaler Bedeutung derzeit nicht in Neustadt zu sehen

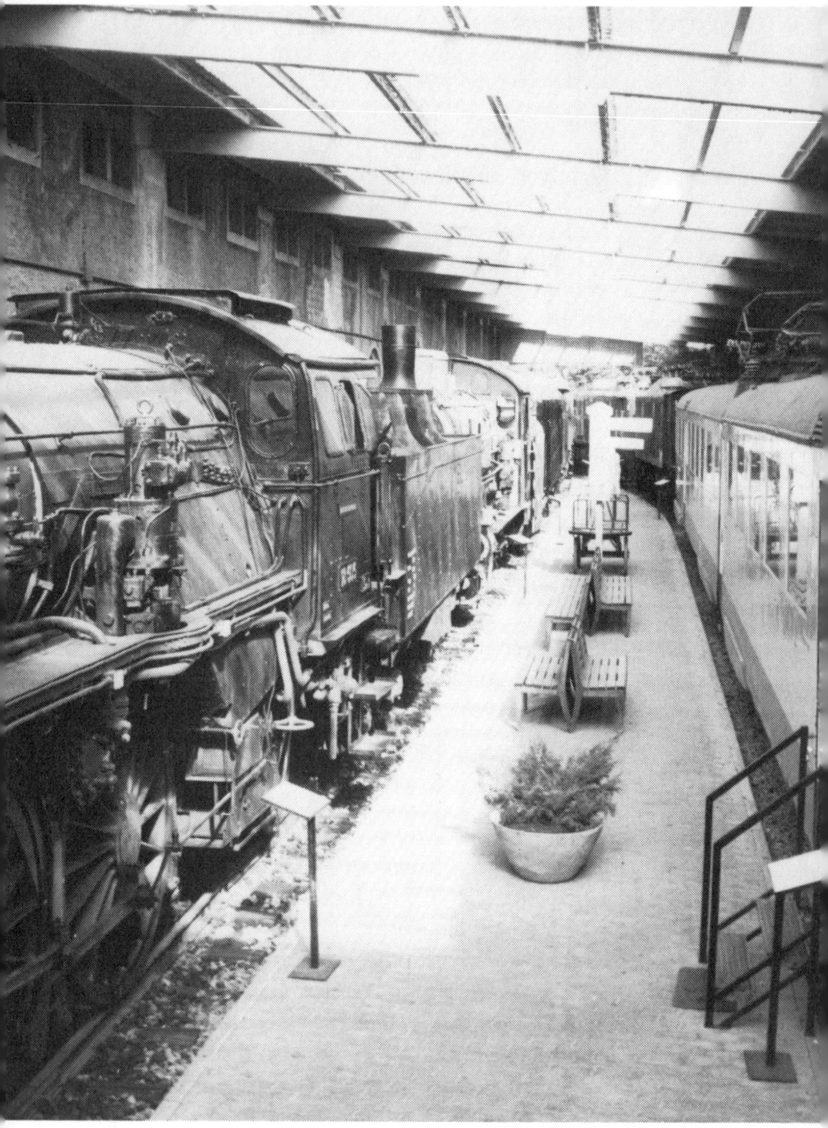

In der engen Fahrzeughalle: rechts der Elektrotriebwagen von 1935, links die Dampflokomotiven, rechts hinten die elektrischen Lokomotiven.

ist (vielmehr vorübergehend im neuen Museum für Verkehr und Technik in Berlin – vgl. Seite 24 ff.). Es ist die Crampton-Lokomotive «Die Pfalz», die 1853 für die Pfalzbahn gebaut wurde. Allerdings nicht das Original, sondern ein Nachbau von 1925, eine 2An2, mit zwei riesigen Treibrädern, die der Lokomotive als «Schnelläufer» schon damals vor leichten Zügen eine Geschwindigkeit von fast 100 km/h verliehen – soweit die übrigen Umstände das zuließen. Insbesondere die Technik des Bremsens soll damals das Ausfahren möglicher Geschwindigkeiten stark eingeschränkt haben.

Irgendwie ist es gemütlich in diesem Museum, weil es eng ist, und auch die Krümmung von Gleisen und «Bahnsteig» wirkt anheimelnd. Als weitere Dampflokomotiven gehören zum Ausstellungsprogramm: Die bayerische D VI «Berg», Bn2, von 1883, die pfälzische T 5, En2, von 1907 – beide im Dienst der Industrie bewährt – und zwei dreigekuppelte Tenderloks für den sommerlichen Museumszug. – Dann sozusagen als Höhepunkt die bayerische S 3/6, hier die Nr. 18 505, deren Anblick immer wieder das Herz erfreut (hier kommt dem Beschauer der Nachteil der beengten Verhältnisse zum Bewußtsein, da diese ihn daran hindern, optimalen Abstand zum Beschauen des Kunstwerks einzunehmen).

Eine Dampfspeicherlokomotive, in der Abteilung Diesselloks eine V 36 (die hin und wieder den Museumszug führt), ein Rangiergerät und eine «Köf», aber bei den Beispielen elektrischer Traktion wird die Sammlung wieder attraktiver:

Nach mancherlei Austausch mit anderen Sammlungen (der auch für die Zukunft nicht auszuschließen ist), ist derzeit die älteste Elektrolok des Eisenbahnmuseums Neustadt die E 17 113, eine 1'Do1' Schnellzuglokomotive mit einer Stundenleistung von 2800 kW, 120 km/h Höchstgeschwindigkeit, einzeln angetriebenen Achsen mit je einem Doppelmotor. Dienstmasse 111,4 t, Baujahr 1928. Etwas jünger ist die E 44 150, Achsfolge Bo'Bo', Dienstmasse 78 t. 178 Lokomotiven dieses Typs wurden ab 1932 beschafft, für die elektrifizierte Strecke Augsburg–Stuttgart.

Die Henschel-Schneeschleuder ist eine Leihgabe. Solch ein Apparat schafft mühelos auch Verwehungen von fünf bis sechs

Das Museum ist auch Heimat für das «Kuckucksbähnel». Die 89 7159 ist bewährte Führerin des Museumszuges.

«Dampftag» im Eisenbahnmuseum Neustadt mit der pfälzischen T 5 vorn vor dem Hallentor.

Meter Höhe, und man spricht von «ein oder mehreren» Schubfahrzeugen, also Lokomotiven, die es drücken.
Großen Raum nimmt ein Fahrzeug ein, das den meisten Beschauern exotisch vorkommen muß. Der Triebwagen ET 11 01 ist eins von drei Versuchsfahrzeugen aus dem Jahr 1935. Damals wollte die Deutsche Reichsbahn mit einem Innovationsschub die Attraktivität des Schienenverkehrs gegenüber dem zunehmenden Kraftfahrzeugverkehr sichern. Da standen Reichsautobahn gegen Stromlinien-Dampflok, Henschel-Wegmann-Zug gegen Fliegenden Hamburger, erste dieselhydraulische Streckenlok gegen elektrische Schnelltriebwagen zur Diskussion. Vorerst verlor der elektrische Schnelltriebwagen das Rennen. Wir haben hier einen Zeugen des damaligen Wettkampfes, allerdings sind Einrichtung und Ausrüstung nicht mehr komplett. Doch genügt die Anschauung dessen, was verblieben ist, darüber nachzudenken, was geschehen wäre, hätte man damals anders entschieden, für die Schiene statt für Autobahn und «Volkswagen», für öffentliche Verkehrsmittel statt für die Forcierung des Individualverkehrs, für die elektrische Traktion, für die kleinere, in kurzen Abständen verkehrende Triebwageneinheit . . .
Unter den Wagen einer, der, aus dem Jahre 1846, noch in direkter Linie von der Pfälzischen Ludwigsbahn abstammt. Man sieht ihm an, daß sich das Denken der Wagenbauer bis dahin kaum vom Pferdewagen gelöst hatte, zeigt dieser offene Güterwagen doch Kutschbock und Bremskurbel in überkommener Anordnung. Bei den Personenwagen geht es mit dem Schwerpunkt Württemberg quer durch die Länderbahnen bis zum Einheits-Personenwagen der Reichsbahn. Sieben Länderbahn- und Reichsbahnwagen bilden den Museumszug.
Dann ist ein VW-Bus als Draisine zu sehen, ein Kran- und ein Kranschutzwagen – und all das ist von fleißigen Händen aufgearbeitet, ausstellungsgerecht restauriert worden und will nun unterhalten werden. Eine didaktische Aufarbeitung durch Schrifttafeln, Fotos und Modell ist vorgesehen (eine zu Demonstrationszwecken aufgeschnittene Lok – bayerische BB I – ist angekündigt). Aber die Aufgaben des Tages häufen sich, man könnte noch viele fleißige Hände gebrauchen.

Auto + Technik Museum e. V., Sinsheim

Träger:	Museumsverein
Lage:	Sinsheim/Kraichgau; Anfahrt über eine der beiden Abfahrten Sinsheim der Bundesautobahn Mannheim–Heilbronn, von dort ausgeschildert.
Auskunft:	Auto + Technik Museum, 6920 Sinsheim/Kraichgau, Tel. 07261/61116

Das Museum «im Herzen Europas» zeigt «mehr als 1000 Ausstellungsstücke aller Art» in acht Hallen auf 20000 qm und dem dazugehörenden Freigelände. Es ist täglich von 9 bis 18 Uhr geöffnet. Der Eintritt kostet DM 10,– für Erwachsene (Kinder, Gruppen usw. Ermäßigung), und noch einmal DM 6,– für das «Historama» mit der Schau militärischer Objekte, vom U-Boot bis zum Panzer (und der Kriegslok 52 mit Tarnanstrich). Wer beides besucht, dem sei die kombinierte Eintrittskarte für DM 13,– empfohlen.
Wir hatten für unseren Besuch einen Feiertag gewählt. Schon auf dem weitläufigen Parkplatz eine Art Volksfest-Atmosphäre. Nicht nur wegen der Verkaufsstände für Würstchen und Süßigkeiten. Andrang an den Kassen, Einwurf der Eintrittschips in einen der Eingangsautomaten. Da lag es vor uns wie ein Disneyland unter Dach. Die Halle vollgestopft mit Ausstellungsstücken, meist Fahrzeugen, genauer als Oldtimer bezeichnete Personenwagen (300 Stück sollen es insgesamt sein) auf dem Boden vor uns hinter Absperrseilen, auf Galerien, darunter eine ganze Reihe Rolls-Royce, an der Wand hochkant ein Trabbi. Dazwischen Motorräder, Rennwagen, Feuerspritzen, Lokomobile, Dampfwalzen, aber auch Weinpressen, mechanische Musikinstrumente – Orchestrions – jeder Art, und oben an der Hallendecke aufgehängt Flugzeuge, vom Modell Lilienthal bis in unsere Tage, und sogar ein Satellit.
Das beeindruckt allein in seiner Buntheit. Die Räder und Gestänge drehen sich und blitzen im Lampenlicht. Man kann sie

durch Einwurf einer Mark in die aufgestellten Automaten dazu veranlassen. Einige der Musikautomaten orgeln durch die Halle, ebenso mit Markstücken gefüttert. Wechselautomaten sorgen dafür, daß der Nachschub an Hartgeld nicht ausgeht. Lederbejackte junge Männer zeigen ihren Bräuten, für welchen heißen Ofen sie sparen, und erklären fachmännisch dessen Vorzüge, Familienväter geben ihrem Nachwuchs ganz privaten Geschichtsunterricht. Da steht einer und filmt sonntagsmäßig zurechtgestutzt Frau und Tochter vor dem roten Mercedes von 1939, während die Gäste der Cafeteria auf der Galerie zuschauen können, aber sie schauen gar nicht nach den Menschen, die bewegen sich hier ganz ungeniert und haben nur einen Blick für die faszinierende Technik.

«Hier ist des Volkes wahrer Himmel,
Zufrieden jauchzet groß und klein:
Hier bin ich Mensch, hier darf ich's sein!»

Dann ein Fauchen, Heulen – an der gegenüberliegenden Seite der Halle hat eine zwischen den Autos riesenhaft wirkende, bis unter das Hallendach reichende Güterzuglokomotive ihre Räder in Bewegung gesetzt. Ein kleiner Elektromotor mit Kette bewirkt das Ganze für DM 2,– Einwurf – hier doppelter Tarif, dafür ist das Exponat auch eins der größten.
Nein, für die Besichtigung der sieben Dampflokomotiven – so zählt sie der Prospekt, aber die Zahlen ändern sich durch Zu- und Abgänge laufend – für die Lokomotiven allein hätte sich die Fahrt nicht gelohnt. Hier wirkt das Ganze, hier würde man sich selbst um den Genuß bringen, sähe man die Exponate nicht im Zusammenhang mit ihren Nachbarn, der Halle, den Besuchern. Ich möchte sagen «den Zuschauern», denn hier wird mit totem Material als Hauptdarsteller eine faszinierende Schau abgezogen.

Auf dem empfohlenen Rundweg zuerst eine grün/rote bayerische S 3/6 (aus dem Verkehrsmuseum der DDR in Dresden), dann die 043 100–7 mit einem rot umrandeten Tiefflieger-Einschuß im Tender (aus der Baureihe 44, Baujahr 1939, nach dem

Krieg auf Ölhauptfeuerung umgebaut), daneben, durch ein Orchestrion getrennt, die 50 413, Umbau mit Zugführerkabine im Tender. Das ist die Lok, die auf Wunsch und Zuzahlung die Räder dreht.

Ruhiger ist es dann am Ende der dritten Halle, von den Autofans ausgespart. Hier zuerst eine Fülle von Modellen (Gartenbahnfahrzeuge hatten wir schon in der ersten Halle, hier HO), ... in Vitrinen dann wunderschöne alte Spielzeugeisenbahnen. Dahinter eine D-Tenderlok mit versilberten Radreifen und die 042 113–1, Baureihe 41 der Deutschen Reichsbahn, 1939 – Schnellfahr-Güterzuglok, ja überhaupt eine Universallok für den mittelschweren Dienst. Bauart 1'D1'h2, 1600 mm große Treibräder, 90 km/h. Nach dem Krieg erhielt sie Ölhauptfeuerung und damit auch ihre neue Bezeichnung. Hinter einer einspindeligen Weinpresse dann die 03 2098–6, die leichtere Variante der berühmten 01 der Deutschen Reichsbahn – 1933. Auf dem Nebengleis der bekannteste Vertreter Schweizer Eisenbah-

Ein Kran allein schafft das nicht. Hier wird das Schweizer «Krokodil» angeliefert. Die Lokomotive hat ein Gewicht von 128 t.

nen, das «Krokodil» 14 282 – Jahrgang 1923. Das ist die Ce 6/8 II, Achsfolge (1'C) (C1'), aus der ersten Serie also, mit vier Motoren mit zusammen 1650 kW Leistung und Stangenantrieb, Höchstgeschwindigkeit 65 km/h. Den Reigen beschließt die E 60 «Bügeleisen», elektrische Rangierlok aus dem Jahre 1927 für den Verschiebedienst auf den großen bayerischen Bahnhöfen. Die hier zu sehende 60 12 (160012–1) tat Dienst in Heidelberg: Bauart 1'C, Dauerleistung 830 kW, 1 Doppelmotor, Stangenantrieb.

Auf dem Freigelände dann neben einer ganzen Reihe von Flugzeugen, die zum Teil auf Treppen erklommen werden können, eine 1'E1'-Tenderlok, hinter Gittern und wahrscheinlich im Stadium der Restaurierung, und eine Schlepptenderlokomotive 55 528, preußische G 2, zusammen mit dem letzten Dampfkran der DB. Dem ist kein Gnadenbrot gegönnt. Er wird bei der Anlieferung größerer Objekte nach wie vor eingesetzt.

Auf dem Freigelände die preußische G 7, dahinter der letzte Dampfkran der Deutschen Bundesbahn.

Unterfränkisches Verkehrsmuseum, Gemünden

Träger:	Stadt Gemünden am Main
Lage:	Im barocken Huttenschloß am Saaleufer, unmittelbar gegenüber der Altstadt. Anfahrt mit der Bahn bis Bahnhof Gemünden am Main, mit dem Auto über die A 3 Frankfurt – Würzburg oder die A 7 Fulda – Würzburg.
Auskunft:	Unterfränkisches Verkehrsmuseum Gemünden, 8780 Gemünden am Main, Frankfurter Str. 2, Tel. 0 93 51/0 01 50 (Museumskasse) oder 80 01 26 (Museumsleiter Dr. H.-P. Schäfer)

Für die Anfahrt werden dem Eisenbahnfreund zwei Routen empfohlen, die zwar nicht die kürzesten sind, aber beide eisenbahntechnisch und -historisch von Interesse: Von Westen die BAB-Abfahrt Aschaffenburg-Goldbach nehmen, von dort über die B 26 (ein Stück entlang der Steilrampe der ehemaligen Ludwigs-Westbahn zwischen Laufach und Heigenbrücken) nach Lohr – Gemünden; von Norden die BAB-Abfahrt Brückenau nehmen. Durch das Sinntal folgen Sie dann der historischen Hauptstrecke und der parallel dazu verlaufenden Neubaustrecke Fulda – Würzburg. Beides dazu landschaftlich schöne Strecken.

Das Museum in Gemünden befindet sich im Aufbau. Es ist ein «Themenspezifiziertes Heimatmuseum», das die Funktion eines Schwerpunktmuseums einnehmen soll. Das Erdgeschoß ist der Mainschiffahrt und -fischerei gewidmet, das erste Obergeschoß der Eisenbahngeschichte, das zweite Obergeschoß und das Dachgeschoß sind für die Themen Straßenverkehr und Nachrichtenübermittlung vorgesehen.
Öffnungszeiten sind Di, Mi, Fr 10 bis 17 Uhr, samstags sowie an Sonn- und Feiertagen 11 bis 17 Uhr. Eintrittspreis DM 3,– für Erwachsene; Kinder, Schüler, Rentner, Gruppen usw. er-

halten Ermäßigung. Museumsführungen nach Vereinbarung, evtl. auch außerhalb der Öffnungszeiten. Bitte rechtzeitig anmelden!

Gemünden hat zwischen dem Rhein-Main-Gebiet und Mainfranken seit je eine wesentliche Verbindungsfunktion gehabt. In den 70er Jahren des vorigen Jahrhunderts entstand hier auch ein preußischer Kopfbahnhof auf bayerischem Gebiet, die Klammerfunktion auch in Nord-Süd-Richtung bekräftigend, die nach dem Zweiten Weltkrieg, als sich die Verkehrsströme in Deutschland umorientierten, zu einem Betriebs- und Knotenbahnhof der DB von überregionaler Bedeutung führten. In neuester Zeit ging von der Gemündener Gemarkung die aufsehenerregende Rekordfahrt des ICE im Mai 1988 aus.
Über dies und anderes unterrichten Modelle von Bahnhöfen und Strecken und zeitgenössischen Zuggarnituren, minutiös nach alten Planvorlagen gestaltet. Sie bilden den Orientierungsrahmen für die im Hof aufgestellten Originalfahrzeuge, u. a. die Schlepptender-Güterzuglok Baureihe 44, die Weltrekord-Elektrolok E 18 (später 118), eine Diesellok V 200.

Vor dem Huttenschloß sind die Oldtimer aufgestellt.

Deutsches Dampflokomotiv-Museum, Neuenmarkt/Oberfranken

Träger: Zweckverband von Regierungsbezirk, Kreis und Gemeinde Neuenmarkt
Lage: Neuenmarkt, Birkenstraße, im alten DB-Bahnbetriebswerk Neuenmarkt-Wirsberg
Auskunft: Deutsches Dampflokomotiv-Museum, 8655 Neuenmarkt/Oberfranken, Tel. 09227/5700 (während der Öffnungszeiten)

Im Sommer können Sie das Museum an allen Tagen außer Montag besuchen, und zwar am Dienstag bis Freitag 9 bis 12 Uhr und 13 bis 17 Uhr, samstags und sonntags durchgehend von 10 bis 17 Uhr. Im Winter (November bis April) am Dienstag und Freitag bis Sonntag, jeweils 10 bis 12 Uhr und 13 bis 16 Uhr. Der Eintrittspreis beträgt derzeit DM 4,– für Erwachsene mit Ermäßigungen für Kinder, Gruppen usw., Gruppen melden sich wegen der Führung zweckmäßigerweise telefonisch an.
Die Schmalspurbahn fährt an Samstagen, Sonntagen und Feiertagen mit Dieselloks nach einem festen Fahrplan halbstündlich. Es gibt jährlich wechselnd «Dampftage» und Dampffahrten für Gruppen auf Bestellung. Normaler Fahrpreis DM 1,50.

Man kann nicht über das Museum sprechen, ohne vorher von der «Schiefen Ebene» zu erzählen. Sie gehört sozusagen zu den Paten.
Eins der frühen bayerischen Eisenbahnprojekte war die «Ludwig-Süd-Nord-Bahn» von Lindau nach Hof (um den Anschluß an das sächsische und das preußische Bahnnetz und damit nach Berlin zu erreichen). Schon bei der Planung ergaben sich nördlich von Bamberg, dort, wo die Strecke zwischen Frankenwald und Fichtelgebirge verläuft, Probleme, die zu einem Machtwort des Königs führten: Die Strecke wurde – was zunächst gar nicht vorgesehen war – auf Staatskosten gebaut. Die

Steilstrecke zu überwinden, dazu gab es abenteuerliche Vorschläge: Pferdebetrieb auf der Rampe; eine «atmosphärische Bahn», wobei der Zug mit Hilfe eines in einer Röhre laufenden Kolbens bewegt wird, und zwar durch Unterdruck; schließlich der Bau dreier kurzer Steilstrecken mit ortsfesten Dampfmaschinen und Seilzügen, evtl. ergänzt durch zu Tal fahrende Ballastwagen.

Wir können heute von Glück reden, daß diese Pläne nicht zur Ausführung kamen, ja, überflüssig wurden, denn aus Amerika war die Kunde von neuartigen Lokomotiven gekommen mit einem Drehgestell vorn, so daß sie in einer bisher ungekannten Art kurvengängig waren, und zwei gekuppelten Treibrädern, die eine verdoppelte Reibung, also höhere Zugkraft auch auf der Steigung, ergaben.

Danach wagte man den Bau der Schiefen Ebene mit einer Steigung von 1:40 (also 2,5 m Steigung auf 100 m Strecke) und errichtete eine ganze Anzahl von Kunstbauten, die heute historischen Wert haben, aber nach wie vor ihren Zweck erfüllen. Das sind für die damalige Zeit kühne Brücken, vor allem aber Steindämme zur Führung der Trasse entlang der Abhänge, um immens breite Erdböschungen zu vermeiden. Der höchste dieser Steindämme mißt 32 m. Die Steindämme waren damals absolutes Neuland für die Baumeister, und sie sind auch heute noch eindrucksvoll.

Längs der Strecke wurde ein Rundwanderweg angelegt. 9 km von Neuenmarkt bergan nach Marktschorgast, 9 km an der anderen Seite zurück, hin und zurück jeweils drei Stunden. Und es soll nicht verschwiegen werden, daß die meisten Eisenbahnfreunde es bevorzugen, einen Weg mit der Bahn zu fahren. Das Argument: man müsse die Schiefe Ebene auch vom fahrenden Zug aus erleben.

Die steigenden Anforderungen an die 1848 fertiggestellte Bahnstrecke führten dazu, daß bald eine Menge Schiebeloks gebraucht und weitere als Vorspann benötigt wurden, also drei Lokomotiven pro Zug bergwärts. Am Fuß der Steigung wurde das Bahnbetriebswerk Neuenmarkt-Wirsberg angelegt, dort waren zeitweise bis zu 70 Lokomotiven stationiert. Neuenmarkt blühte durch den Zuzug von Eisenbahnern auf, wurde «Eisenbahnerdorf» und ist das bis heute geblieben, obwohl das Bahnbetriebswerk geschlossen ist und ein großer Teil der Eisenbahnbediensteten zu anderen Dienststellen «pendelt». Die Eisenbahn aufgegeben haben sie nicht.

Nach seiner Stillegung – denn moderne Lokomotiven brauchen weder Schiebehilfe noch Vorspann – wurde aus dem Bahnbetriebswerk das Deutsche Dampflokomotiven-Museum, wobei man darauf achtete, daß die Atmosphäre des Bahnbetriebs – Ringlokschuppen mit Drehscheibe – so weit wie möglich erhalten blieb. Die Ausstellungsstücke sind weitgehend Dampflokomotiven der Reichsbahn- und Nachkriegszeit bis zum Ende der Dampflokomotiven. Doch bleiben wir erst einmal beim «Drumherum». Da ist eine Segment-Drehscheibe, 23 m lang, einer nicht alltäglichen Bauart, wegen Platzmangels so konstruiert. Da sind auf dem Freigelände ein historischer Wasserkran zu sehen, ein Dampfkran und eine Schmalspurbahn, für die das Museum eigens Personenwagen gebaut hat, denn Feldbahnen hatten so etwas normalerweise nicht und diese lädt im Gegensatz zu ihrer ursprünglichen Bestimmung zum Mitfahren ein wie der am Eingang des Museums aufgestellte Speisewagen zu einer Brotzeit.
Stimmung auch im Lokschuppen, wo die Lokomotiven kunstgerecht unter den Rauchabzugshauben plaziert sind. Zwischen den Gleisen wie einst Öfen. Angenehm fällt auf, daß besucherfreundlich Zugang zu besonders interessanten Details geschaffen wurde, so zu Führerständen, und Einzelteile wie der imposante Zylinderblock der 18 610 zu sehen sind.
Gehen wir zunächst einmal schnellen Schrittes durch den Schuppen, denn das Beste kommt bekanntlich zuletzt, ich empfehle Ihnen aber, es an den Anfang zu stellen:
- Die **10 001** mit Ölhauptfeuerung, eine von zwei Prototypen aus dem Jahre 1957 mit Teilverkleidung und geschweißtem Hochleistungskessel. Die Lokomotive (Bauart 2'C1'h3) hatte eine Stärke von 2500 PS und war 140 km/h schnell. Wegen der Aufgabe des Dampfloksbaus kam es nicht mehr zur Fertigung einer Serie.

- Die **01 1061**, 1944. Sie wurde als Stromlinien-Schnellzuglok erbaut, nach dem Krieg aber der schwierigen Unterhaltung halber «entkleidet» und machte schweren Schnellzugdienst. Bauart 2'C1'h3.
- Die **01 111**, 1934, Bauart 2'C1'h2, aus der ersten Fertigung der 01, der ersten Schnellzuglokomotive nach dem Einheitsbauprogramm der DR. Sie lief etwa 4,4 Millionen km und war zuletzt an der «Schiefen Ebene» stationiert.
- Die **03 131**, 1933, Bauart 2'C1'h2, kleinere und leichtere Schwester der 01, für Eil- und Schnellzugdienst. Diese Lokomotive warb 1972 am Münchener Hauptbahnhof für die Olympischen Spiele.
- Die **18 612**, ehemalige bayerische S 3/6, die nach landläufiger Meinung die schönste deutsche Dampflokomotive war, aber auch leistungsfähig, zog sie doch einst den legendären

Zwei Schnellzuglokomotiven aus der großen Zeit des Dampfbetriebes auf der Schiefen Ebene.

«Rheingold». Die ausgestellte Lokomotive gehört zu der Teilserie, die nach dem Zweiten Weltkrieg mit einem neuen Kessel und anderen Details versehen wurden.

- Die **23019**, Personenzuglokomotive, Bauart 1'C1'h1. Eine Nachkriegsentwicklung der DB, die letzte dieser Reihe wurde 1959 als letzte Dampflok der DB in Dienst gestellt.
- Die **382383**, frühere preußische P 8, Personenzuglokomotive, 1919, Bauart 2'Ch2. Das ist eine der erfolgreichsten Lokomotiven, etwa 3800mal gebaut, ein beinahe unverwüstliches Arbeitspferd.
- Die **44276**, Güterzuglok, 1940, Bauart 1'Eh3. Etwa 2000 Stück davon wurden bis zum Ende des Zweiten Weltkrieges für den schweren Dienst gebaut. Sie haben sich bis in die letzten Tage der Dampflok bewährt.
  Hier steht sie ohne Tender, durch einen Aufbau sind für den Besucher die Bedienungsarmaturen gut sichtbar.
- Die **50975**, 1941, mit 15,2 t Achslast und 1625 PS der jüngere, leichtere Bruder der 44. Mit mehr als 3000 Maschinen weit verbreitet.
- Die **525804**, die Kriegslok, abgespeckt und vereinfacht, Baujahr 1944 von Schichau in Elbing. Knapp 7000 wurden gebaut, unser Ausstellungsstück ist weit herumgekommen, hat Ostpreußen, Italien und Österreich gesehen.
- Die **98307**. Hier kommen wir in einen neuen Bereich der Ausstellung. Es folgen kleinere Lokomotiven, Tenderloks, die zu jeweils zwei auf einem Gleis stehen. Den Anfang macht die 98 307, mit Spitznamen als Glaskasten bezeichnet, eine bayerische Lokalbahnlokomotive (PtL 2/2 mit Blindwelle), von der 1908 bis 1909 29 Stück gebaut wurden. Die einfache Konstruktion mit teilautomatisierter Schüttfeuerung sollte im Einmannbetrieb auch wenig befahrene Lokalbahnen rentabel gestalten. Bei 210 PS lag die Höchstgeschwindigkeit bei 50 km/h, Gewicht 22,7 t, Achslast also um 11 t. Die ausgestellte Lokomotive verkehrte bis 1963 auf der Strecke Spalt – Georgensgmünd und trug dort den Namen «Spalter Bockerl».
- Die **86283**, eine Mehrzweck-Tenderlok, Bauart 1'D1'h2, Baujahr 1934, die meist auf starkbefahrenen Nebenstrecken

«Glaskasten», bayerische Lokalbahnlokomotive 98 307 auf der Drehscheibe.

Dienst tat. Das Ausstellungsstück ist mit Fotografieranstrich versehen.

- Neben einem Traktor die **64 295**. Man nennt sie «Bubikopf». Die Ausstellungslokomotive tat 26 Jahre lang zwischen Weiden und Bayreuth Dienst vor Personen- und Güterzügen, ehe sie von einer Diesellok der Baureihe 211 ersetzt wurde. Bauart 1'C1'h2.
- Die **94 1730**. Das ist eine Tenderlok, eine preußische T 16^1 der Bauart Eh2, für den schweren Rangierdienst entwickelt. Auf der «Schiefen Ebene» taten Lokomotiven dieses Typs Schubdienst.
- Die **75 501**, eine sächsische XIV HT, Personenzugtenderlok 1'C1'h2 aus dem Jahre 1915, gebaut von der Sächsischen Maschinenfabrik in Chemnitz. Sie wurde für den Vorortverkehr in Ballungsräumen konstruiert.

- Daneben eine Dampfspeicherlok, wie sie in feuergefährlichen Betrieben im Einsatz waren.
- Die **89 6024**, dreigekuppelte Tenderlok, wurde 1914 für die Kyffhäuser Kleinbahn gebaut und war später als Rangier- und Werkslok im Einsatz.
- Das letzte Exponat ist für die meisten Eisenbahnfreunde eine Neuheit. Eine «Hochofenlok», so genannt, weil sie in extrem niedriger Bauart (2600 mm über Schienenoberkante) in Industriebetrieben bestimmte Aufgaben hatte, zum Beispiel Hochöfen «unterfahren» konnte. Die ausgestellte Lokomotive (B2t, Baujahr 1953), fuhr bei Röchling in Völklingen (Saar).

Im Vorraum, wo Original-Eisenbahnbänke zur Ruhepause einladen, gibt es auch ein Modell eines Bahnbetriebswerkes und Video-Filmvorführungen zum Thema.
Die Schiefe Ebene, der DB-Bahnhof Neuenmarkt-Wirsberg und das Museum sind in den letzten Jahren Schauplatz und Ausgangspunkt vielfältiger Veranstaltungen für Eisenbahnfreunde gewesen, so die Sternfahrt der Dampfloks und Dampflokfans zum 140jährigen Bestehen der Strecke, und das wird voraussichtlich auch so bleiben. Gute Fahrt nach Neuenmarkt!

Verkehrsmuseum Nürnberg

Träger: Deutsche Bundesbahn und Deutsche Bundespost
Lage: Nürnberg, Lessingstraße 6 (sieben Minuten zu Fuß vom Hauptbahnhof, Parkmöglichkeit in der Tiefgarage Opernhaus)
Auskunft: Verkehrsmuseum Nürnberg, 8500 Nürnberg, Lessingstraße 6, Tel. 09 11/2 19 54 28

Das Museum ist im Sommer (April bis September) von Montag bis Freitag von 10 bis 17 Uhr geöffnet, im Winter von 10 bis 16 Uhr. Samstags und sonntags das ganze Jahr hindurch von 10 bis 17 Uhr. Für Feiertage gelten Sonderregelungen. Der Eintrittspreis beträgt DM 4,– für Erwachsene, Ermäßigungen für Kinder, Studenten, Schulklassen und Gruppen. Führungen sind nach Vereinbarung möglich.

Das Verkehrsmuseum Nürnberg wurde aus Anlaß des 150jährigen Jubiläums der Eisenbahn in Deutschland neu gestaltet. Es ist damit eins der modernsten Museen dieser Art und verfolgt konsequent die Linie, die Objekte in ihr Umfeld zu stellen und so die Geschichte des Verkehrswesens, also hier der Eisenbahn, als Teil der Gesamtgeschichte darzustellen.
Das Verkehrsmuseum Nürnberg ist das älteste technikgeschichtliche Museum im deutschsprachigen Raum. 1899 wurde es als Königlich-Bayerisches Eisenbahnmuseum (damals am Marientor) eröffnet, 1925 erfolgte der Umzug in das heutige für das Museum errichtete Gebäude. Neben der Eisenbahnabteilung enthält das Museum auch eine für Post, doch beschränkt sich die auf ein Sechstel des Raumes und zeigt ausschließlich bayerische Postgeschichte. Die Eisenbahnabteilung verfügt heute über 7500 m² Ausstellungsfläche mit 360 m Gleislänge.

Gleich in der Eingangshalle ein sehr schönes Modell der «23er» im Maßstab 1:5, teilweise aufgeschnitten. Auf Wunsch setzt das Aufsichtspersonal das Räderwerk in Bewegung.

Im Epochen-Saal des Verkehrsmuseums Nürnberg. Erste Kojen mit Modellen von Kugnot, Trevethick und Stephensons «Rocket».

Der Rundgang beginnt dann mit dem Epochensaal. Das mag vielen Besuchern, insbesondere den Dampflokfreaks, wie eine Pflichtübung erscheinen, um zur Kür der Originalfahrzeuge in den Fahrzeughallen zu kommen. Tatsächlich ist Eisenbahnbegeisterung weitgehend (noch) eine Begeisterung für Triebfahrzeuge, insbesondere Dampflokomotiven. Aus dieser Enge herauszuführen, bis in die Problematik heutigen öffentlichen und Individualverkehrs, ist eine der Aufgaben des Museums.

Stets steht die Eisenbahn in Deutschland (manchmal der Geschichte und dem Standort gemäß die Eisenbahn in Bayern) im Vordergrund. Lediglich die ersten Modelle und Schautafeln bilden da eine Ausnahme, sind doch einige der vielen Wurzeln des Eisenbahnwesens nur im Ausland zu finden, bei den Herren Trevithick, Stephenson und Co.

Dabei geht es auch schon im Epochensaal so bunt und lebhaft zu, wie es moderne Ausstellungstechnik nur zuläßt. Neben

Schrifttafeln und Fotos vor allem Modelle. Zunächst das erste Dampffahrzeug, das Dreirad von Cugnot. Natürlich im Modell der Zug Nürnberg – Fürth von 1835. Die «Herkules», eine C-Schlepptenderlok mit offenen und geschlossenen Güterwagen.
Rechter Hand eine Reihe von Dioramen, die in gleicher (aber nicht gleichbleibender) Landschaft die Entwicklung der Eisenbahn zeigen: Lok, Wagen, Gleise und Bahnhofsanlagen.
Es werden die bekannten Epochen durchlaufen: Die Anfänge (von antiken Spurrillen durch englische Bergwerke, über Friedrich List, Friedrich Harkort, von Baader mit der Pferdeeisenbahn von Budweis nach Linz bis zur ersten deutschen Eisenbahn von Nürnberg nach Fürth). Danach «Die frühe Landerschließung 1840–1880», in der sich das deutsche Eisenbahnnetz formte. «Die Glanzzeit der Länderbahnen 1880–1920» und «Die Reichsbahnzeit 1920–1945». Bei den Länderbahnen zwei sehr schöne Lokomotiv-Modelle, die C VI, Baujahr 1900, eine 1'C-Schlepptenderlokomotive der Bayerischen Staatsbahn, und die «Watzmann», eine Tenderlokomotive von 1888. Zur Reichsbahnzeit gehören natürlich das Modell der «01» und der Fliegende Hamburger.
Es fällt angenehm auf, daß die unter Historikern immer noch verbreitete Ausklammerung bestimmter unguter Erinnerungen hier nicht erfolgte, sondern daß man sich den Tatsachen stellt. Schließlich führt die fünfte Epoche «Die Bundesbahn im Zeitalter des Motors» in unsere Tage. Ganz neu ist ein Stellwerktisch aus einem Drucktastenstellwerk Dr L30, das 1984 bis 1987 in praktischem Gebrauch war. Neu auch der Einheitsführerraum für die BR 111. Dazu Modelle zu den Themen Stadtverkehr und Containerbahnhof. Das Museum ist in diesem Sinne keinesfalls historisch-musealen Themenstellungen vorbehalten. Wir werden davon im ersten Stockwerk mehr sehen. Jetzt locken zuerst einmal die Fahrzeuge.

«Originalfahrzeuge» heißt diese Abteilung, und das ist nicht ganz zutreffend, denn eins der Objekte, der «Adler», ist ein Nachbau. Insgesamt gibt diese Sammlung eine Übersicht über die wesentlichen Epochen deutscher Eisenbahngeschichte.

Hier also zunächst der «Adler», der 1835 die deutsche Eisenbahngeschichte eröffnete. Ein Nachbau zum 100. Geburtstag, der zum 150. Jahrestag wieder qualmend und fauchend auf die Strecke ging. Es war Stephensons 118. Lokomotive in der damals gut eingeführten Patentee-Bauart mit einer zwischen zwei Laufachsen angeordneten Treibachse, mit innenliegenden Zylindern und Triebwerk. Dazu drei Wagen, nämlich ein Personenwagen zweiter Klasse mit drei Abteilen (original von 1845), ein rekonstruierter offener Dritter-Klasse-Wagen und ein ebenfalls nachgebauter Wagen erster Klasse mit zwei Abteilen, großzügig gepolstert.

Im Adler-Saal: Erste deutsche Dampflokomotive mit einigen Wagen des Jubiläumszuges. Rekonstruktion 1935.

Im gleichen Saal – nur bedingt dem Thema Eisenbahn zugehörig – ein Nachbau des Dampfwagens von Cugnot, den wir immer nur als spielzeuggroßes Modell sehen (imponierend!), und der erste bayerische Postomnibus, Nr. 1 (auf blauem Grund), der zwischen Lenggries und Bad Tölz verkehrte.
Neben dem Adler-Saal das Lokorama zur optisch-akustischen Mitfahrt auf dem Führerstand (mit wechselndem Programm).
Als älteste in Deutschland vorhandene tatsächliche Original-Lokomotive wird die «Phoenix» gezeigt, die 1863 in der Maschinenfabrik Karlsruhe für die Badische Staatsbahn gebaut wurde. Eine Schnellzuglokomotive der Bauart Crampton. Um große Treibräder für eine höhere Geschwindigkeit unterbringen zu können, legte man eine Achse hinter die Feuerbuchse. So konnte diese Lokomotive zwei Treibräder mit einem Durchmesser von 2134 mm erhalten, was ihr schon damals eine Höchstgeschwindigkeit von 120 km/h (!) verlieh, allerdings mit nur einer Treibachse und einer durch ungünstige Gewichtsverteilung nur geringen Zugkraft. In der Praxis allerdings blieb die Reisegeschwindigkeit bei 60 km/h, schon wegen des ungelösten Problems einer entsprechenden Bremsung.
Für Güterzüge ging man den umgekehrten Weg. Die preußische G 3 ist ein Dreikuppler mit kleineren Treibrädern, ausgelegt für eine hohe Zugleistung, bei der die Geschwindigkeit nur eine untergeordnete Rolle spielte. Die Lokomotive war die erste, die nach «Normalien» von mehreren Lokomotivfabriken in gleicher Ausführung gebaut wurde – 3219 Stück in den Jahren 1877 bis 1903.
In der Fahrzeughalle ist auch die aufgeschnittene bayerische PtL 2/2 «Glaskasterl» zu sehen, eine Lokalbahnlok mit Blindwelle, an der hier die Funktion einer Dampflok demonstriert wird. Daneben das Modell einer Heusinger-Steuerung.
Der nächste Schritt ist eine Lokomotive, die es nur in einem Exemplar gibt, was in krassem Gegensatz zu dem Loblied steht, das man ihr allerorten singt: Die S 2/6 der Bayerischen Staatsbahn, erbaut 1906 von Maffei in München. S steht für Schnellzuglok, 2/6 für zwei Treibachsen und vier Laufachsen, also insgesamt sechs Achsen. Das Achsbild charakterisiert die Lokomotive als Schnelläufer. Tatsächlich stellte sie – mit 2200 mm

In der Fahrzeughalle des Verkehrsmuseums Nürnberg zwei ungleiche Schwestern, Aschenputtel und Goldmarie, die preußische Güterzuglokomotive G 3 und die bayerische Schnellzuglokomotive S 2/6.

Eine bayerische Lokalbahnlok – Glaskasterl – aufgeschnitten. Sie zeigt für Lehr- und Anschauungszwecke freizügig ihr Inneres.

hohen Treibrädern – den Geschwindigkeits-Weltrekord von 154,5 km/h auf. Aussehen und Technik waren «fortschrittlich» und richtungweisend, so wird hier manches Element der späteren «Stromlinie» vorweggenommen und die Technik summiert die damals bekannten Finessen: Heißdampferzeugung kombiniert mit dem Verbundsystem in je zwei Hochdruck- und Niederdruckzylindern.
Nur ein Sprung in einen anderen Themenkreis. Nach vielen Versuchen mit verschiedenen Formen des Verbrennungsmotors stellten die Dieseltriebwagen vom Typ «Fliegender Hamburger» (1933) den Durchbruch dar. Sie reduzierten die Fahrzeit von Berlin nach Hamburg auf damals sagenhafte 2¼ Stunden. Der zweiteilige Triebwagen hatte ein Gewicht von nur 93 t und erreichte eine Geschwindigkeit von 160 km/h.
Geschwindigkeit war auch das Motto für die «05», die – zusammen mit dem Henschel-Wegmann-Zug – die Lokomotivindustrie als Antwort auf die zunehmende Zugförderung durch elektrischen Antrieb und Verbrennungsmotoren fand. Es war für Deutschland (aus Amerika kam später noch die Legende der Big Boys) der Höhepunkt des Dampflokbaus. 200 Tonnen Gewicht, 2360 PS Leistung und ein Geschwindigkeits-Weltrekord von 200,4 km/h. Auch hier einer von drei Prototypen, denn im täglichen Leben bewähren sich brave Arbeitspferde oft besser als hochgezüchtete Renner. Der Rückbau verschiedenster Stromlinienverkleidungen von Lokomotiven über Jahre berichtet davon.
Schließlich muß ein Vertreter elektrischer Zugförderung das Bild abrunden. Die E 19 wurde konzipiert, den Verkehr Berlin – München durchgehend unter dem Fahrdraht abzuwickeln. Doch machte der Zweite Weltkrieg schon nach der Auslieferung von vier Prototypen einen Strich durch die ehrgeizige Planung. Die Lokomotiven waren für eine Höchstgeschwindigkeit von 225 km/h ausgelegt und hatten wegen der hohen Geschwindigkeit zusätzlich zur Druckluftbremse auch eine elektrische Bremse. Die Bauart ist 1'Do1', der Treibraddurchmesser 1600 mm, die Stundenleistung ist 4030 kW.
Neben den Triebfahrzeugen bergen die Fahrzeughallen noch zwei Leckerbissen. Nämlich den blau-goldenen bayerischen

Eisenbahn der dreißiger Jahre. Links die Stromliniendampflok 05 der Deutschen Reichsbahn, rechts die E 19, schnellste elektrische Lokomotive.

Hofzug, den Ludwig II. nach weitgehend eigenen Vorstellungen bauen ließ. Zwei Wagen, davon einer ein teilweise offener Terrassenwagen. Und den Salonwagen Bismarcks, den ihm der Verein der Deutschen Privateisenbahnen «zur Verfügung stellte» (man war damals nicht so pingelig), mit Salon, Schlaf- und Arbeitsraum und einem Abteil für die «Dienerschaft».

Lassen Sie uns nun die Treppe zum ersten Obergeschoß nehmen, wo wir mit technischen Themen konfrontiert werden, historische und aktuelle Fragestellungen in bunter Folge, wieder mit vielen Modellen, manche auch vom Besucher selbst in Gang zu setzen, was insbesondere junge wie jung gebliebene Besucher in Ekstase versetzt, und eine große Modelleisenbahn-Anlage.
«Elektrische Zugförderung» ist das Thema der ersten beiden Räume. Nein, laufen Sie nicht gleich durch. Natürlich ist eine fauchende Dampfmaschine etwas ganz anderes als ein leise surrender Elektromotor, eine Dampflokomotive mit stampfendem Gestänge ist nicht mit den langweiligen Kästen moderner E-Loks zu vergleichen, deren Antrieb von außen nicht sichtbar

ist. Gewiß, auch hier gibt es ein Modell der ersten elektrischen Lokomotive von Siemens und den Führerstand der historischen Elektrolokomotive 32 12. Dazu Modelle früher Triebfahrzeuge, aber das Ganze wirkt so abstrakt wie Elektrizität, die man im Gegensatz zu Kohle, Wasser und Dampf nicht sieht und nicht (Vorsicht!) anfassen kann. Das Museum ist auf den Besuch vieler Schulklassen eingerichtet, es gibt einen «didaktischen Brief» für Lehrer, und hier läßt sich wohl am besten die Brücke zum naturwissenschaftlichen Unterricht schlagen.

Das nächste Thema wirkt farbiger: Signal- und Fernmeldetechnik. Skurril die frühen Signale. Die ersten überhaupt waren eine rote Flagge und eine Glocke. Hier wird der Grundsatz Sicherheit erläutert. Wie die Technik in die Aufgabe hineinwuchs, nicht nur den Menschen zu unterstützen, sondern ihn auch zu kontrollieren und vor Fehlleistungen zu bewahren. Schließlich endet auch das wieder ziemlich abstrakt mit Stellpult und Computer auf einem Level, der dem normalen Betrachter (zumindest der älteren Generation, die Jungen stehen mit dem Computer meist auf du und du) resigniertes Kopfschütteln zu entlocken vermag, wenn er sich nicht beinahe fanatisch in die Problematik hineinkniet und den Spuren des Museumspädagogen folgt. Zumindest: Donnerwetter – wenn auch die Einzelheiten beim ersten Besuch unklar bleiben.

Anschaulicher dann die Eisenbahnbautechnik. Wenig «museal» das Geländemodell, das die Grundlagen alter und neuer Streckenführung am Beispiel der Neubau- und Schnellfahrstrecke Würzburg – Fulda im Sinntal zeigt. Tunnel und Tunnelbau im Laufe der Zeit von bergmännischer Handarbeit (zu den ersten Tunnelbauten wurden Knappen verpflichtet) entwickelt bis zur Vollmechanisierung. Brücken als ein faszinierendes Thema (mit dem beweglichen Modell einer beweglichen Brücke). Holzbrücken, Steinbrücken, Eisenbrücken, Betonbrücken mit der Erkläuterung, wann man was und wie baute und warum, weil es immer darum ging, bekannte Techniken optimal zu benutzen und dabei möglichst wenig Aufwand zu treiben, also rationell zu wirtschaften.

Hochbauten, hier wird die Eisenbahn zu einem wesentlichen Faktor der Kulturgeschichte, waren doch die Bahnhöfe, zumin-

dest die Empfangsgebäude, Repräsentationsgegenstände, Visitenkarten der Städte wie früher die Stadttore, durch die der Fremde das Gemeinwesen betrat und wo er die ersten – positiven oder negativen – Eindrücke erhielt. Wir sehen liebevoll erhalten eine Fahrkartenausgabe mit Warteraum der Königlich-Bayerischen Staatseisenbahn um 1900 und den Königs-Salon von 1856 aus dem damaligen Nürnberger Staatsbahnhof. Schauen Sie, wie aus der «Verkehrskathedrale» ein modernes Zentrum für Reise- und andere Dienstleistungen wurde.
Der Rundgang durch das erste Obergeschoß schließt mit dem Raum Gleisbau und Gleisunterhaltung, den Sie nicht überschlagen sollten, versäumen Sie doch sonst das Modell des «Gleisschnellumbauzuges». Viele Schienen, Geräte, Präzisionsinstrumente für die Vermessungsarbeiten. Hier können Sie den Weg verfolgen, den die Gleisbautechnik von den Granitquadern zwischen Nürnberg und Fürth bis hin zu Schwellen aus Holz und Beton (deren Zweckmäßigkeit ist noch immer umstritten) und ausgefeilten Befestigungsmethoden zurückgelegt hat. Aber auch von den ersten primitiven Werkzeugen bis zur weitgehend mechanisierten Arbeit am Gleis, ein Stück Humanisierung der Arbeitswelt. Ich hätte gern eine ergänzende soziologische Untersuchung über die Wanderarbeiter der frühen Eisenbahn-Bau-Zeit gesehen. Es war auch damals mancherorten ein Gastarbeiter-Problem.
Zweites Obergeschoß. Zunächst der Schiffahrtssaal. Die deutschen Eisenbahnen haben eine lange Schiffahrtstradition. Eisenbahnunternehmen aus drei Ländern betreiben die Schiffahrt auf dem Bodensee. Da gab es bis vor einigen Jahren auch Eisenbahntrajekte. Die Verschiffung von Eisenbahnwaggons betreibt die Deutsche Bundesbahn derzeit nur noch auf der «Vogelfluglinie» ab Puttgarden. Der Saal soll in nächster Zeit einer kompletten Neugestaltung unterzogen werden.
Danach aber ein Höhepunkt, um den nach Nürnberg zu fahren es sich allein gelohnt hätte: die Fahrzeugmodellsammlung. Im Maßstab 1:10 und mit größter Präzision gefertigt stehen hier in Glasvitrinen 160 Ausstellungsstücke von historischen Lokomotiven, die es längst nicht mehr gibt und von denen nur noch diese Modelle Kunde geben, bis zu den neuesten Fahrzeugen

Aus der reichhaltigen Modellsammlung des Verkehrsmuseums Nürnberg. 160 Modelle im Maßstab 1:10 aus 150 Jahren Eisenbahngeschichte.

oder gar – wenn wir an den ICE denken – denen von morgen. Dabei handelt es sich keinesfalls nur um Einzelfahrzeuge. Es gibt eine ganze Reihe von zeitlich und technisch gut abgestimmten Ensembles.
Die ersten dieser Modelle wurden für eine Industrie- und Gewerbeausstellung angefertigt, die 1882 in Nürnberg stattfand. Urheber waren Lehrlinge in den Werkstätten der Königlich-Bayerischen Staatseisenbahn (was erklärt, daß bei den historischen Modellen der Schwerpunkt auf bayerischen Fahrzeugen liegt). Die Idee fand viel Beifall, die Sammlung wurde erweitert und wurde – um sie ständig zeigen zu können – zum Grundstock des Königlich-Bayerischen Eisenbahnmuseums. Später übernahm die Deutsche Reichsbahn die Tradition, in den Lehrwerkstätten solche Modelle herstellen zu lassen, und die Bundesbahn, deren 57 Lehrwerkstätten anläßlich des Jubiläums

Die Modellsammlung des Verkehrsmuseums Nürnberg kann und will den Schwerpunkt Bayern nicht verleugnen. Statt der sonst üblichen Einzelstücke sind hier oft reizvolle Ensembles zu sehen.

Erste bayerische Lokomotive «Bavaria» und zeitgenössischer Personenwagen aus der Modellsammlung des Verkehrsmuseums Nürnberg.

150 Jahre Eisenbahn in Deutschland wiederum eine größere Anzahl von Modellen anfertigten.
Die Modelle stehen auf 280 m Gleis, würden also in Originalgröße eine Fahrzeugreihe von 2,8 km Länge darstellen. Die ältesten sind inzwischen selbst mehr als 100 Jahre alt und schon deshalb Kostbarkeiten. Da gibt es die «Bavaria», die erste an die Königlich-Bayerische Staatseisenbahn gelieferte Lokomotive, mit den Personenwagen der München-Augsburger Eisenbahn aus dem Jahre 1840 und natürlich die bayerische S 3/6. Das größte Modell ist ein 32achsiger Spezialgüterwagen.
Mit welcher Präzision Lehrlinge (und später Auszubildende) und ihre Ausbilder gearbeitet haben, ergibt sich – um ein Beispiel zu nennen – daraus, daß beim bayerischen Abteilwagen aus dem Jahre 1904 die Türen alle zu öffnen sind, daß sich die Fenster wie beim Vorbild an Ledergurten herunter bewegen lassen und sogar die Aschenbecher (Maßstab 1:10!) zum Ausleeren gekippt werden können.

Die neue Fahrzeughalle ist etwa 150 m entfernt. Zum Besuch berechtigt die Eintrittskarte für das Museum gleichermaßen. Um es kurz zusammenzufassen: Die hin und wieder wechselnden Schaustücke sind durchweg Lokomotiven aus der Reichsbahnzeit.

Ein neues Aufgabengebiet erhielt das Verkehrsmuseum als «rollendes Museum». Anläßlich der Jubiläumsfeierlichkeiten 1985 hatte die DB eine Reihe historischer Lokomotiven und historisches Wagenmaterial instand gesetzt und damit Sonderfahrten veranstaltet. Eigentlich war das als eine einmalige Aktion geplant.
Die Fahrten erfreuten sich aber einer so großen Beliebtheit, daß sie zur Dauereinrichtung wurden, Jahr für Jahr erscheint ein Fahrplan «Dampf-Nostalgie», den Sie an Ihrem Bahnhof bekommen oder in Nürnberg beim Museum anfordern können. Und um Ihnen den Mund wässerig zu machen, will ich hier die historischen Triebfahrzeuge vorstellen, die für solche öffentlich angebotenen Sonderfahrten und Fahrten geschlossener Gruppen (Ziel ganz nach Ihren Wünschen) zur Verfügung stehen:

Dampflokomotiven

Schnellzuglokomotive 01	1100	1940	Bauart 2'C1'h3
Schnellzuglokomotive 01	150	1935	Bauart 2'C1'h2
Personenzuglokomotive 23	105	1959	Bauart 1'C1'h2
Güterzuglokomotive 41	360	1940	Bauart 1'D1'h2
Güterzuglokomotive 50	622	1940	Bauart 1'Eh2
Tenderlokomotive 86	457	1942	Bauart 1'D1'h2

Elektrische Lokomotiven

Schnellzuglokomotive E 04 20, 1934, Bauart 1'Co1'

Schnellzuglokomotiven der Baureihe E 18 (18 03, 18 08, 18 047), 1935/1939, Bauart 1'Do1'

Personenzug-/Güterzuglokomotiven der Baureihe E 44, Bauart Bo'Bo'

Rangierlokomotive E 60 10, 1932, Bauart 1'C

Nebenbahnlokomotiven Baureihe E 69 (69 02, 69 03), 1909/1912, Bauart Bo

Mehrzwecklokomotive E 75 09, 1928, Bauart 1'BB1'

Güterzuglokomotive E 91 999, 1929, Bauart C'C'

Schwere Güterzuglokomotive E 94 579, 1955, Bauart Co'Co'

Diesellokomotiven

V 80 002, 1952, Bauart B'B'

V 160 003, 1960, Bauart B'B'

Diesellokomotiven für schweren Schnellzugdienst der Reihe V 200 (200 002, 200 007), 1953/1956, Bauart B'B'

Triebwagen

Nahverkehrsschnelltriebwagen ET 25 015, 1935, Bauart B'2 + 2'2' + 2'Bo'

Vierteiliger Ruhrgebietstriebwagen ET 30 114, 1956, Bauart Bo'2 + 2'2' + 2'2' + 2'Bo'

Elektrischer Triebzug ET/EM/ES 65 006, 1933, Bauart Bo'Bo' + 2'2' + 2'2'

Dieselhydraulischer Triebwagen VT 08 520, 1952/1954,
Bauart B'2' + 2'2' + 2'2' + 2'B'

Schnelltriebwagen der Baureihe VT 11.5 (neunteilig), 1957,
Bauart B'2' + 2'2' + 2'2' + 2'2' + 2'2' + 2'2' + 2'2' + 2'2' + 2'B'

Schienenbusse der Baureihe VT 98.95, 1955–1962,
Bauart Bo – 2 – 2

Am Ende unseres Rundgangs darf ich Ihnen noch die Museums-Gaststätte empfehlen. Sie trägt den Namen «Zur Dampfmaschine» und ist im Stil eines Maschinensaales des 19. Jahrhunderts eingerichtet.

Bayerisches Eisenbahnmuseum, Nördlingen

Träger: Bayerisches Eisenbahnmuseum e.V., Sitz München
Lage: Nördlingen, Hoher Weg 30 (gegenüber dem Bahnhof)
Auskunft: Bayerisches Eisenbahnmuseum e.V., Geschäftsstelle 8000 München 80, Oderstraße 4, Tel. 0 89/91 54 62

1989 ist es nun soweit. Nachdem auf der «Romantischen Schiene» die Museumsbahn zwischen Nördlingen und Dinkelsbühl verkehrt, konnte man auch darangehen, das ehemalige Bahnbetriebswerk Nördlingen zur neuen Heimat der Fahrzeugsammlung des BEM zu machen und zum Eisenbahnmuseum auszubauen.
Seit Sommer 1989 (Mai bis September) ist das neue Museum an jedem letzten Sonntag im Monat von 14 bis 16.30 Uhr geöffnet. Das Eintrittsgeld beträgt zur Zeit DM 4,50, dreimal im Sommer sollen «Rieser Dampftage» stattfinden.
Das Ganze ist noch etwas provisorisch, man steht am Anfang. Aber da wir über den Tag (und auch das Jahr) hinaus denken und planen, sollen einige Punkte des Konzeptes zitiert werden, nachdem die Arbeit aufgenommen wurde.

- Erhaltung eines Bahnbetriebswerks der 50er Jahre mit allen dazugehörigen Anlagen wie Drehscheibe, Wasserturm, Lokbehandlungsanlagen (womit man sich vor Parallelen zu den Museen in Nürnberg und Neuenmarkt-Wirsberg schützen will).
- Präsentation der Fahrzeugsammlung in der typischen Werkstattatmosphäre (z. B. durch Live-Vorführungen wie «Dampftage»).
- Dokumentation der bayerischen Eisenbahngeschichte, aufgezeigt am speziellen Beispiel der Eisenbahnentwicklung im Nördlinger Ries, unterstützt durch moderne Kommunikationsmittel (Video- und Filmvorführungen).

Ermutigend stimmt es den Eisenbahnfreund, daß man sich auch der Förderung des schienengebundenen Verkehrs heute und der Verbesserung des Umweltbewußtseins widmen will.

Nördlingen hat eine lange Eisenbahngeschichte. Es war schon 1849 ein Hauptstützpunkt der legendären «Ludwigs-Nord-Süd-Bahn» von Hof nach Lindau und ist deshalb, so meint man beim BEM, als Standort eines Eisenbahnmuseums gut geeignet. Auch die Bausubstanz des Drei-Segment-Rundschuppens ist zum größten Teil bayerisch. Das ehemalige Verwaltungsgebäude des BW steht für Ausstellungsräume zur Verfügung, für Fotodokumentationen und eine Modellschau historischer und moderner Züge. Vom gesamten BW-Gelände gibt es ein Diorama mit HO-Modellen.
Die meisten Besucher werden allerdings wegen der Original-Fahrzeuge kommen. Schauen wir uns deshalb einige Fahrzeuge aus der Sammlung des Bayerischen Eisenbahnmuseums an, die

«Rieser Dampftage» im Bayerischen Eisenbahnmuseum Nördlingen: Eisenbahngeschichte unter Dampf.

mehr als 50 Fahrzeuge, davon 20 Lokomotiven, umfaßt, und nicht nur die beiden Museumsbahnen Monheim–Fünfstetten und Nördlingen–Dinkelsbühl unterhält, sondern auch bei einer Vielzahl von Sonderaktionen präsent ist.

Lok 3 «Luci», 1916 gebaut bei Orenstein & Koppel, war Industrielok. Bauart Bn2t mit 17 t Gewicht und einer Leistung von 200 PS. Sie fährt auf der Museumsbahn Monheim–Fünfstetten und tat im Jubiläumsjahr in Nürnberg Dienst.

Die Lokomotiven 4 und 5 sind Dampfspeicherloks, Baujahr 1913 und 1918, erbaut von J. A. Maffei.

Die Lokomotive 6 wurde 1921 von Krauss & Co. geliefert, ein Nachbau der bayerischen Rangierlok R 3/3, Bauart Cn2t.

Die Lok 7 ist eine preußische T 16 (Baureihe 94^{5-17}, von der 1914 bis 1924 etwa 1300 Stück für den schweren Rangierdienst gebaut wurden. Bauart Eh2t, unsere Maschine stammt aus dem Jahre 1924 und hat eine Leistung von 1070 PS.

Die Lokomotive 8 wurde 1943 als TAG 8 für die Tegernseebahn gebaut, für den Schnellverkehr München–Tegernsee, und da damals alle nicht kriegswichtigen Bauten verboten waren, nahm man ein Lotter-Drehgestell aus der E 79 02 und bezeichnete die neue Maschine als «Umbaulok». Bauart 1'C2'ht, Dienstgewicht 69 t, 560 PS, besonders guter Kurvenlauf, 95 km/h.

Die «9», eine Bn2t, haben die Aktiven besonders ins Herz geschlossen. Sie trägt den landschaftsbezogenen Namen «Ries» und entstammt der über sechs Jahrzehnte gebauten Reihe der B-250-Industrieloks von Henschel. «Bei der Restaurierung der Lok ... stellte sich heraus, daß fast alles kaputt war, was nur kaputt sein konnte. So ist die Maschine fast ein Neubau geworden, denn alles außer dem Fahrwerk landete auf dem Schrott. Besonders hervorzuheben ist die Tatsache, daß sich noch eine Firma fand, die einen neu konstruierten Dampfkessel, maßgeschneidert für die ‹Ries›, anfertigte.»

Kommen wir zur Lokomotive 10, einer 1'C1'h2t, Baureihe 64, von Reichsbahn und Bundesbahn für den Personenzugdienst vorzugsweise auf Nebenbahnen eingesetzt. Mit 1500 mm großen Rädern war sie bei der Fahrt vorwärts wie rückwärts für 90 km/h zugelassen.

Die Baureihe 41 (Lokomotive 11) war speziell für Eilgüterzüge vorgesehen. Bauart 1'D1'h2, Baujahr 1940, 1975 PS, 90 km/h. Als 12 und 13 folgen Güterzuglokomotiven der Baureihen 44 (1'Eh2, 2500 PS) und 50 (1'Eh2, 1655 PS), beide Baujahr 1941. Neu ist zur Abrundung der Palette der Großdampfloks die 52 3548.
Dann will ich Ihnen nach einigen Klein-Diesellokomotiven teilweise interessanter Sonderkonstruktion, einer V 36 und einer Uerdinger Schienenbus-Garnitur, den Versuchstriebwagen VT 92 501 vorstellen. Man nennt ihn «Ur-Eierkopf», weil er als Versuchsfahrzeug (1951) an die Wiege der dieselhydraulischen Nachkriegs-Triebwagen der DB steht: B'2', Motorleistung 1000 PS.
Kürzlich erworben wurde die E 94 192 aus der letzten Ellok-Altbaureihe der DB, die seit etwa 50 Jahren die Standard-Elektrolok für den Güterzugdienst auf den elektrifizierten bayerischen Strecken ist. Eine Co'Co' mit 1250 mm großen Rädern, 118,5 t Dienstmasse/Reibungsmasse, 3300 kW Stundenleistung und 90 km/h Höchstgeschwindigkeit.
Die E 10 005 von 1953 ist eine Dauerleihgabe des Verkehrsmuseums Nürnberg – eine der Erprobungsloks für die Nachkriegs-Baureihen der DB.
Personenwagen der verschiedensten Bauart, darunter zwei Schnellzugwagen der bayerischen Staatsbahn, Güterwagen, Dienstfahrzeuge bis hin zum Kranwagen, es ist ein buntes Bild, das sich Ihnen da bietet, aber man ist immer dem einmal gewählten Generalthema treu geblieben.
Darf ich Ihnen dazu sagen, daß der Verein Bayerisches Eisenbahnmuseum neben dem Unterhalt zweier Museumsbahnen und eines Museums noch Bücher im eigenen Verlag herausbringt, Lokomotivdenkmäler an verschiedenen Orten betreut und historische Zugfahrten veranstaltet? Ein randvolles Programm!

Bayerisches Localbahn-Museum (Bayerisch Eisenstein)

Träger: Bayerischer Localbahn-Verein e.V., Tegernsee
Lage: Bayerisch Eisenstein, Bahnhof
Auskunft: Bayerischer Localbahnverein, 8180 Tegernsee, Postfach 116, Tel. 08631/12813

Hier wird ein Museum angezeigt, dessen Eröffnung für das Jahr 1990 vorgesehen ist. Der Bayerische Localbahn-Verein hat eine Sammlung von Fahrzeugen und anderer Zeugnisse bayerischer Lokal- und Sekundärbahnen aufgebaut und dafür nun auch ein Dach über dem Kopf gefunden, den Lokomotiv-Rundschuppen in Bayerisch Eisenstein. Die Präsentation so im Eisenbahngelände gibt die Möglichkeit, die Fahrzeuge in die rechte Umgebung zu stellen mit Drehscheibe, Stellwerk, Signalen, Schranken und Läutewerk, Bahnhof und Bahnsteig.
Die Initiatoren stoßen sich nicht an der Tatsache, daß Bayerisch Eisenstein abseits der großen Verkehrsströme liegt (was ja auch das Kennzeichen der Lokal- und Sekundärbahnen ist), sondern wollen die touristisch reizvolle und stark frequentierte Umgebung in ihr Konzept einbeziehen. Der «Attraktion» des durch den Bahnhof verlaufenden «Eisernen Vorhangs» soll die verbindende Kraft eines Museums entgegengesetzt werden.
Eine Vorschau, was dann in Bayerisch Eisenstein zu sehen sein wird, muß lückenhaft bleiben, wegen der Fülle des Materials und der Tatsache, daß noch Neuerwerbungen getätigt werden. Was der Verein auf seinen Museumsbahnen einsetzt, ist zunächst einmal auszuklammen; auch über die Wintermonate können diese Lokomotiven der hohen Transportkosten wegen nicht ins Museum verbracht werden.

Freuen wir uns zunächst auf «Anna», den Dreikuppler von 1890, ältestes Stück der Sammlung. Cn2t, 200 PS bei 40 km/h Höchstgeschwindigkeit. Die Lokomotive wurde 1890 in München bei Krauss & Co. gebaut und zusammen mit ihrer Schwester Marie an die Lokalbahn Gotteszell – Viechtach geliefert.

Gleich danach die bayerische D VIII Nr. 1854 von 1892, auch eine Cn2t von Krauss & Cie., die bis nach dem Zweiten Weltkrieg in Würzburg Dienst tat. Daneben dürfen wir noch die «Osser» (Cn2t von 1922) erwarten und eine der beiden Dn2t der Regentalbahn von 1927.
Aber auch Beispiele von Diesel- und Elektrotraktion werden im Museum zu sehen sein, so die E 69 05, 1930 von J. A. Maffei für die Localbahn AG München gebaut, unbestritten ein Leckerbissen. Eine größere Anzahl von altgedienten Personen- und Güterwagen runden die Sammlung ab.
Der Museumsträger verhehlt nicht, daß es zunächst etwas improvisiert in Bayerisch Eisenstein zugehen wird. Bevor an Schönheit und Museumsdidaktik gedacht werden kann, geht es um den Abschluß der Bauarbeiten und die Restaurierung der Fahrzeuge. Wir wünschen den Initiatoren vollen Erfolg.

Rekonstruktion des Lokschuppens in Bayerisch Eisenstein für das Bayerische Localbahn-Museum.

Feldbahnmuseum Fürstenfeldbruck

Träger: Interessengemeinschaft Deutsche Feld- und Waldbahnen

Lage: Fürstenfeldbruck, am Bahnhof. Anfahrt aus Richtung München mit der S-Bahn oder über die Bundesstraße 2, von Norden über die Autobahn Stuttgart–München, Abfahrt Fürstenfeldbruck, von da ab über die B 471.

Auskunft: Interessengemeinschaft Deutsche Feld- und Waldbahnen, Heinz Dietmar Ebert, 8080 Fürstenfeldbruck, Senserbergstraße 66a, Tel. 08141/27335

Die Zahl der neu eingerichteten Feld- und Kleinbahnmuseen führt dazu, daß es immer schwerer wird, etwas zu zeigen, was einmalig oder so gut wie einmalig ist und die Menschen dazu bewegt, lange Reisen zu unternehmen. So entstehen Museen, die bewußt auf einen lokalen oder regionalen Interessen- und Interessentenkreis setzen. Das Thema Feldbahn gibt die Möglichkeit, schon mit geringen Mitteln sowohl eine Schausammlung aufzubauen als auch einen attraktiven Fahrbetrieb anzubieten.

Das Museum in Fürstenfeldbruck ist aus einem Modelleisenbahn-Club hervorgegangen. Man verfügt heute über 14 Diesellloks und 26 Güterwagen, von denen einige für eigene Zwecke auf den Rahmen älterer Fahrzeuge aufgebaut wurden. Das gilt auch für den Triebwagen, der in Eigenbau entsteht, und die Personenwagen, denn die stilgerechte Personenbeförderung ist bei Feldbahnen immer ein Problem.

Die Schausammlung befindet sich zusammen mit der Werkstatt im ehemaligen Kleinlok-Schuppen der DB. Die Einweihung im Sommer 1988 war ein Volksfest, und auch weitere Veranstaltungen werden von jung und alt gern besucht. Eine Besonderheit: Es gibt einen Feldbahnpostwagen mit Sonderstempel.

Deutsches Museum, München

Träger: Das Museum ist eine Anstalt des öffentlichen Rechts.
Lage: München, Museumsinsel. Es wird die Benutzung öffentlicher Verkehrsmittel empfohlen: S-Bahn Haltestelle Isartor, U-Bahn Linien 1 und 2, Haltestelle Fraunhoferstraße, Straßenbahnlinie 18, Haltestelle Deutsches Museum, Straßenbahnlinie 20, Haltestelle Isartor.
Auskunft: Deutsches Museum, 8000 München, Museumsinsel 1, Tel. 089/21791

Das Museum ist täglich von 9 bis 17 Uhr geöffnet. Ausnahmen sind der 1. Januar, der Faschingsdienstag, Karfreitag, Ostersonntag, 1. Mai, Pfingstsonntag, Fronleichnam, 17. Juni, 1. November, 24., 25. und 31. Dezember, an denen das Museum geschlossen ist. Am 2. Mittwoch im Dezember ist es nur bis 14 Uhr geöffnet.
Eintrittspreis ist für Erwachsene DM 5,–, für Schüler und Studenten DM 2,–, weitere Ermäßigungen für Gruppen, Schulklassen usw. – Führungen, auch in fremden Sprachen, sowie Vorbereitungsmaterial für Klassenbesuche durch das «Führungswesen» Tel. 089/2179252. Restaurant und Imbißraum im Ausstellungsbereich.

Das Deutsche Museum ist eins der größten Museen der Welt. Der Themenbereich seiner Schausammlungen ist weit gefächert und reicht – gehen wir nach der Plazierung – von Bodenschätzen bis zur Himmelskunde. Das bedeutet, daß die einzelnen Abteilungen sich bescheiden müssen und oft weniger Raum haben als in kleineren speziellen Museen. So auch bei dem Thema Eisenbahnen. Doch geben auch «benachbarte» Sammlungen dem Eisenbahnfreund eine Fülle von Anregungen, als Beispiele seien die Abteilungen Straßen und Brücken und Tunnelbau genannt.

Der kürzeste Weg vom Eingang zur Eisenbahn-Halle (sozusagen durch die Hintertüre, denn der offizielle Rundgang setzt die Eisenbahn hinter die Straßenfahrzeuge) führt so auch zunächst durch die Abteilung Straßen und Brücken, wo der Eisenbahnfreund unter den Modellen und Abbildungen manche bekannte Eisenbahnbrücke findet, aus Stein, Stahl und Beton, wie die frühen Viadukte auf der Strecke Leipzig–Dresden, den Bündner Landwasserviadukt, die allerseits bestaunte Brücke über den Nord-Ostseekanal bei Rendsburg, über den Firth of Forth ... Beim Tunnelbau sehen wir ein Stück Simplontunnel und die Erklärung der unterschiedlichen Tunnelbautechniken. Dann die Modelleisenbahn (HO, 240 m Gleis auf 40 m^2.) Neben dem normalen Rundherumfahren gibt es das Zerlegen von Güterzügen über den Ablaufberg, es gibt Haupt- und Nebenbahnen und eine Zahnradbahn.
Für den, der eine Einführung in das Thema Eisenbahn erwartet, ist die hier empfohlene «Direttissima» zu den Schienenfahrzeugen problematisch, steht doch die Bergbahn vor der Eisenbahn, schlecht plaziert, so, als wolle man erst vom Käse und dann von der Milch sprechen. Sie aber, verehrter Leser, haben da keine Schwierigkeiten. Springen wir also gleich hinein: Modelle der Lokomotiven Niklaus Riggenbachs für die Vitznau-Rigi-Bahn (die erste, älteste, in einem Diorama mit einem Stück Strecke) mit senkrechtem (1871) und waagerechtem Kessel (1902), ein Modell des Rowanzuges der Jungfraubahn und eins vom Zahnradantrieb der Zugspitzbahn, der höchsten Zahnradbahn in Deutschland und gleichzeitig der letzten Bahn dieses Systems, die in den Alpen gebaut wurde. Heute schwebt man – preiswerter in der Anlage – zu den Gipfeln. Den Spieltrieb befriedigt eine kleine Standseilbahn, erste Standseilbahn mit Wasserballastantrieb, die Schweizer Giessbachbahn von 1879, deren Wagen auf Knopfdruck fleißig im Glaskasten auf- und abwärts fahren. Dabei fällt auf, daß auch diese Bahn über eine Zahnstange verfügt, allerdings nicht zum Antrieb, nur für die Bremsung, also für die dreifache Sicherheit.
Den Raum beherrschen zwei Originale, der Dampftriebwagen der Pilatusbahn (System Locher), der Steigungen bis 480 ‰ überwindet, und eine Zahnrad-Dampflokomotive, Baujahr

1908, aus Bosnien, eine C-Lok auf doppelter versetzter Zahnstange nach dem System Abt. Natürlich sind die wesentlichen Zahnradantriebe an Modellen demonstriert.

In der großen Eisenbahnhalle zunächst ein Veteran, den jeder Eisenbahnfreund oft auf Bildern und wohl auch als eins der zierlichen Modelle gesehen hat, der in Originalgröße allerdings überraschend imposant wirkt, Puffing Billy von William Headley, 1814, eine der ersten, wenn nicht die erste gebrauchsfähige Dampflokomotive, 25 PS, die fast 50 Jahre Kohlenwagen zog.
Nun hatten die Museumsmacher die beinahe unlösbare Aufgabe, auf zwei Gleisen einen Überblick über die Entwicklung der verschiedenen Traktionssysteme der Eisenbahn zu geben. Sie haben entschieden, auf einem Gleis die Dampflokomotive, auf dem anderen Elektro- und Diesellokomotiven aufzustellen: Vorn die erste Lokomotive der Münchner Firma Krauss, eine B-Personenzuglokomotive «Landwührden», 1867, 252 PS, 60 km/h, die zum Vorbild für Generationen leichter Nebenbahn-Lokomotiven wurde. Eine Besonderheit der Konstruktion ist der hohle Rahmen zur Aufnahme von Wasservorräten.
Dann die tausendste Lokomotive der Münchener Lokomotivfabrik Maffei. Eine Schnellzuglokomotive B IX, Achsfolge 1'B, 450 PS, 90 km/h, die erste bayerische Schnellzuglokomotive überhaupt mit großen Rädern und langem Achsstand.
Als Abschluß dann die unvergeßliche bayerische S 3/6 im glänzend polierten rot-grünen Kleid. Die Lokomotiven sind zum großen Teil aufgeschnitten und lassen einen Blick in das Innenleben zu, was sicherlich dem technischen Verständnis förderlich ist, dem Eisenbahnfreund aber weh tut, als schnitte man an ihm selbst herum, zumal dann, wenn es an ein so ästhetisches Erlebnis geht, wie diese Lok es bietet.
Bei der Betrachtung des zweiten Gleises zunächst einen Blick auf den Bahnsteig. Die erste Elektrolok der Welt, Siemens 1879, eins der kostbarsten Exponate des Hauses. Es ist sozusagen die Geburtsurkunde der modernen Eisenbahn. Schon 1844 hatte der Frankfurter Bundestag einen Preis für eine elektrische Lokomotive in Höhe von 100 000 Gulden ausgesetzt, 1848 aber

Erste Elektrolok der Welt von Werner (von) Siemens, 1879.

zurückgezogen, da sich kein Bewerber gefunden hatte. Die notwendigen Batterien ließen solch ein Fahrzeug zu schwer und seine Fahrt zu teuer werden. Einen weiteren Schritt stellte das Patent auf eine Fahrleitung dar, 1855 in Wien erteilt. Doch dauerte es noch einmal mehr als 20 Jahre, bis Werner Siemens 1879 auf der Berliner Gewerbe-Ausstellung eine kleine elektrische Lokomotive mit 520 mm Spurweite vorstellte, die drei Anhänger mit je 6 Sitzplätzen zog und auf einem 300-m-Rundkurs mit 7 km/h Geschwindigkeit in etwa vier Monaten 90000 Besucher beförderte. Es war eine echte Sensation. Aus Brüssel und London, Kopenhagen und Moskau kamen Anforderungen, auch dort auf Ausstellungen das neue Vehikel zu zeigen, und es mußten Nachbauten aufgelegt werden – von denen einer im Deutschen Museum zu sehen ist, mit einem der Anhängerwägelchen, die eher zwei zusammengestellten Parkbänken auf Rädern gleichen als einem Eisenbahnwagen. Schließlich muß noch gesagt werden, daß die erste elektrische Eisenbahn ihren Strom aus einer ungeschützten Mittelschiene bekam. Es war 150 V Gleichstrom (der Motor leistete etwa 3 PS) und man empfand das nicht als gefährlich. Man hätte, so berichtete die Presse, bei einer Berührung der Stromschiene ein leichtes Prikkeln gespürt.

Dann die LAG 1, erste Lokomotive für den Betrieb mit hochgespanntem Einphasen-Wechselstrom, wie er heute allgemein üblich ist, aus dem Jahre 1905, und gleich dahinter die erste elektrische Großlokomotive für den in den ersten Jahren der Elektrifizierung üblichen Drehstrombetrieb: Eine Güterzuglok aus der Schweiz, De 2/2, 1899, 300 PS, sie fuhr auf der Strecke zwischen Thun und Burgdorf im Emmental. Ein Riesenmotor mit Stangenantrieb – man setzte auf große langsamlaufende Motoren und die Übertragung der Kraft eines Motors auf mehrere Achsen –, geteilte Stromabnehmer für die mehrpolige Fahrleitung. Nur während des Stillstandes war eine Umschaltung auf 18 km/h für den Güterzugbetrieb oder 36 km/h für den Personenzugbetrieb möglich.

Den Sprung in die Neuzeit stellt die E 16 der Deutschen Reichsbahn von 1927 dar, eine Schnellzuglokomotive für die schon damals elektrifizierten bayerischen Fernstrecken. Einzel-

antrieb der Achsen (Buchli-Antrieb), Achsfolge 1'Do1', 2750 PS, 110 t, 120 km/h.
Schließlich noch etwas ganz Besonderes. Die erste – Weltpremiere – Großlokomotive mit hydrodynamischer Kraftübertragung. Die mit erstaunlich modernem Aufbau (sie würde gar nicht als Oldtimer auffallen) versehene Lokomotive stammt aus dem Jahre 1935. Mit ihrem Erscheinen gab es eine praktikable dritte Antriebsmöglichkeit für Eisenbahn-Triebfahrzeuge. Die Bemühungen, Verbrennungsmotoren auf die Schiene zu stellen, sind fast ebenso alt wie die Arbeiten am Straßenfahrzeug mit Ottomotor. 1887 lieferte Daimler einen 23-PS-Motor an die Lokomotivbauanstalt Kessler in Eßlingen für ein Versuchsfahrzeug der Königl. Württembergischen Staatsbahnen. Die Crux war, daß der Verbrennungsmotor volle Leistung erst bei hoher Drehzahl abgibt. Die für Straßenfahrzeuge entwickelten Schalt-

Eisenbahnhalle, vorn die bayerische S 3/6 von 1912, links die Großlokomotive mit hydrodynamischer Kraftübertragung, V 140, 1935.

getriebe erreichten ihre Grenze bei 500 PS. Darüber war man auf den kostspielig-umständlichen Weg der diesel-elektrischen Kraftumwandlung angewiesen, mit Motor, Generator und wieder Motor. Dagegen erschien (und es erscheint uns noch) ein funktionstüchtiger hydraulischer Drehmomentwandler als das Ei des Kolumbus. So wurde die V 140001 (damals V 16101) Urahn aller modernen Dieselfahrzeuge der DB. Innen ist ein Achtzylinder-Reihenmotor zu sehen, 1400 PS, Achsfolge 1'C1', Gewicht 75 t, Höchstgeschwindigkeit 100 km/h.
Für den Themenkreis moderne Dieselfahrzeuge ist unter der Galerie der Antrieb einer modernen Diesellok zu sehen, vom Motor bis zu Drehgestellen. Daneben an der einen Seite die Eisenbahn als Baustellen- und Werksbahn, an der anderen Seite die Bahn der Zukunft, ein Fahrzeug der Magnetschwebebahn. Signale am Kopf des Saales, Bremsen, Gleisbautechnik ... das sind Denkanstöße, mehr gibt der knappe Raum nicht her.

Wem so der Kopf von lauter Einzelheiten schwirrt, der findet auf der Galerie bei einer zusammenfassenden Darstellung zur Geschichte und zu den heutigen Problemen der Eisenbahn so etwas wie Erholung. Er kann die gesehenen Einzelstücke zwischen den Modellen, Fotos und Schrifttafeln einordnen, wobei zu sagen ist, daß einzelne der Modelle dieser Reihe ob ihrer Qualität und Aussagekraft sehr wohl auch eine Bedeutung als selbständiges Schauobjekt haben. Lassen Sie mich deshalb auf einige wenige hier eingehen.
Da hat mich besonders «Der Münchner» beeindruckt. Das Original wurde 1841 bei Maffei in Hirschau bei München (wie wir überhaupt die lokale Komponente in der Eisenbahnabteilung des Deutschen Museums sehr ausgeprägt finden) gebaut. 1A1 Patentee – die Handschrift Stephensons schmeckt man durch, die Lokomotive wurde 1845 die Nr. 25 der Bayerischen Staatsbahn, die Nummern 1 bis 24 waren an die A1 vergeben.
Die «Behaim», ebenfalls Maffei, 1848, war die erste deutsche Güterzuglokomotive, Vorspannlokomotive, Steilrampenschlepper. Auslöser dieser dreigekuppelten Konstruktion war die Steilrampe zwischen Neuenmarkt-Wirsberg und Marktschorgast. Um die Reibung zu erhöhen, wurde auf den

Langkessel ein Kasten für Wasserballast gesetzt und so die Lokomotivmasse von 24,9 auf 26,5 t erhöht. Die Leistung der Lokomotive war etwa 270 PS.
Zum Schluß der Hinweis auf ein Modell, das schon 1910 hergestellt wurde. Ein «Dampfomnibus» von Krauss, 1882. Von Anfang an hatten die Eisenbahnen nach Möglichkeiten gesucht, in verkehrsschwachen Zeiten und auf verkehrsschwachen Strekken mit kleineren Einheiten als dem lokbespannten Dampfzug einen rentablen Betrieb aufrechtzuerhalten. Dazu hatte man mancherorts wie bei den städtischen Bahnen auf Pferdekraft zurückgegriffen. Und da es in England schon Dampf-Omnibusse auf der Straße gab, war es nur eine Frage der Zeit, solche Fahrzeuge auch auf die Schiene zu stellen. Urahnen der Triebwagen, die heute die Bundesbahn auf dem Marsch in die Zukunft einsetzt.

Eisenbahnmuseum in Österreich

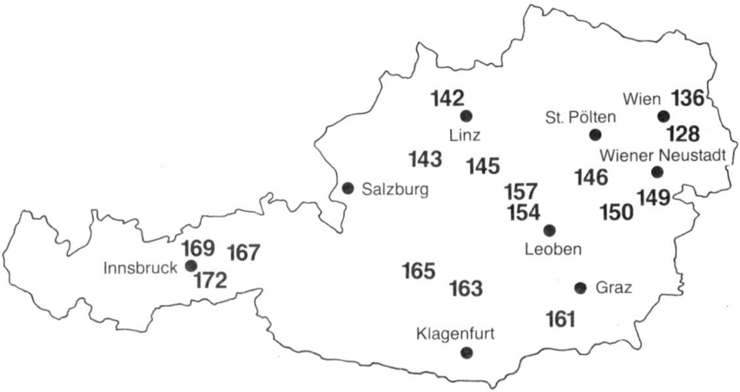

Seite	Museum
128	Technisches Museum, Wien
136	Eisenbahnmuseum Strasshof «Das Heizhaus»
142	Oberösterreichisches Landesmuseum, Linz
143	Neydhartinger Verkehrsmuseum
145	Museumsbahnhof Aschach an der Steyr
146	Feld- und Industriebahnmuseum Freiland
149	1. NÖ. Priv.-Museum für Dampfmaschinen und histor. Eisenbahnmaterial, Erlach
150	Die Remise in Hirschwang an der Rax
154	Zahnradbahnmuseum in Vordernberg
157	Schaubergwerk auf dem Steirischen Erzberg, Eisenerz
161	Feldbahnsammlung Markus Mandl, Stainz
163	Schmalspurbahn-Museum Frojach-Katschtal
165	Fahrzeugsammlung des Club 760 auf der Taurachbahn
167	Zahnradbahnmuseum der Achsenseebahn, Jenbach/Tirol
169	Localbahnmuseum Innsbruck
172	Tiroler Landeskundliches Museum im Zeughaus, Innsbruck

Technisches Museum, Wien

Träger: Republik Österreich
Lage: Wien, Mariahilfer Straße 212, Anfahrt mit den Straßenbahnlinien 52 und 58, U-Bahn U 4
Auskunft: Technisches Museum, Wien, 1140 Wien, Mariahilfer Straße 212, Tel. 02 22/83 36 19/89 31 09

Das Museum ist Dienstag bis Freitag und am Sonntag durchgehend von 9 bis 16 Uhr geöffnet, am Samstag von 9 bis 13 Uhr. Eintritt S 30. Führungen sind nach Absprache möglich.

Die Sammlungen sind in erster Linie Leistungen österreichischer Technik gewidmet. Seit 1980 ist das Österreichische Eisenbahnmuseum Teil des Technischen Museums Wien. Allerdings lebt man schon lange zusammen unter einem Dach. 1879 trafen sich zum 25jährigen Jubiläum der Semmeringbahn die noch überlebenden Techniker und gründeten das «Semmering-Museum», das dem Vorstand der Lehrkanzel für Eisenbahn- und Tunnelbau zur Verwaltung übergeben wurde. Nach der Weltausstellung in Wien stellte man die dort gezeigten Objekte der ehemaligen Pferdebahn Linz–Budweis sicher, ab 1885 machte die Generaldirektion der k. k. Österreichischen Staatsbahnen die Vorarbeiten für ein Eisenbahnmuseum zu ihrer Sache. Das Museum hat derzeit gut 130 000 Objekte (die natürlich nur zum geringen Teil ausgestellt werden können). Es stehen rund 5000 m² Ausstellungsfläche zur Verfügung. Das bedeutet, daß man sich bei der Ausstellung von Originalfahrzeugen, die viel Raum beanspruchen, äußerste Zurückhaltung auferlegen mußte. So zeigt das Museum erfreulich viele zeitgenössische Bilddarstellungen von Gemälde, Stich und frühem Foto bis zur Miniatur, daneben Modelle, und als Ergänzung acht Lokomotiven auf dem Freigelände. Lokomotiven des Eisenbahnmuseums sind auch an anderen Orten hinterstellt, in erster Linie im Heizhaus Strasshof (s. Seite 136), aber auch im Zeughaus in Innsbruck (s. Seite 172) und beim Museumsbahnbetrieb im Montafon.

Zum Eisenbahnmuseum geht es vom Eingang des Technischen Museums gleich links, durch die Schiffahrtsabteilung. Dann müssen wir der Versuchung widerstehen, gleich in die große Fahrzeughalle zu marschieren. Nein, der Rundgang führt zunächst durch die weitgehend mit Modellen und Graphik bestückten Abteilungen Anfänge und Entwicklung des Eisenbahnwesens im Ausland und in Österreich mit den wichtigsten Stationen über Trevithick, Blenkinson und Headley zu Stephenson. Bei den Anfängen des Eisenbahnwesens in Österreich steht dann natürlich die Pferdebahn Linz–Budweis im Mittelpunkt (ein Originalwagen folgt in der Fahrzeughalle) mit Konzessionsurkunde, Aktien und Obligationen, Rissen und Sti-

Der im Original erhaltene Personenwagen Hannibal der Pferdebahn Linz–Budweis von 1841 (der Bau der Bahn erfolgte von 1824 bis 1832).

chen, Fahrplänen und zuletzt Fotos der verbliebenen Reste. Ähnlich werden die älteren Dampfbahnstrecken, beginnend mit der Kaiser-Ferdinands-Nordbahn, behandelt. Reliefs fesseln immer dann, wenn es sich um Bahnen in bergigem Gelände handelt wie hier mit Schwerpunkt Semmeringbahn; wir werden davon später noch einiges sehen. Porträts und Büsten der Baumeister und Finanziers. Das setzt sich fort bis in die Neuzeit mit der Dokumentation neuer Zugförderungstechniken, dem Neubau und dem Ausbau vorhandener Strecken und – ihrer Stillegung.

Die Abteilung Brückenbau, die sich hier auf die Vorstellung von Eisenbahnbrücken beschränkt, gibt mit vielen Modellen einen Überblick über die verschiedenen Techniken und zeigt gleichzeitig eine Reihe von Brücken, von denen jeder schon einmal gehört hat, fast zum Anfassen, auf jeden Fall aber dreidimensional zum Beschauen aus allen Blickwinkeln.

Hochbau und Bahnhofsanlagen: Ansichten, vor allen Dingen aber Modelle von längst vergangenen Bauten, mit denen man nur auf diesem Wege echten Kontakt herstellen kann, so der zweite Bahnhof der Kaiser-Ferdinands-Nordbahn in Wien (1859–1865), ein städtebauliches Ereignis, und der längst verschwundene Bahnhof der Südbahn in Wien (1869–1873).

Im Tiefgeschoß die Abteilung Oberbau – das Interesse der Laien steht zum Leidwesen der Ingenieure meist im direkten Gegensatz zu dem Gewicht, das der Fachmann dieser «Grundlage» des Eisenbahnverkehrs zumißt. Viel mehr interessiert nebenan der Raum mit den Dioramen, teilweise von namhaften Künstlern – oft für repräsentative Ausstellungen – gestaltet und mit betriebsfähigen Modellen bestückt. Im Tiefgeschoß schließlich auch noch der Tunnelbau mit der Demonstration dessen, was die Fachleute in aller Welt die österreichische Tunnelbaumethode nennen.

Endlich können wir nun dem offiziellen Rundgang gemäß – oder sind Sie schon vom Pfad der Tugend abgewichen? – in die Abteilung Fahrbetriebsmittel in der großen Halle. Wie gesagt, der Platz reichte nur für wenige Originalfahrzeuge, um so mehr müssen wir uns mit den Modellen beschäftigen, die es in unterschiedlichen Maßstäben und unterschiedlicher Qualität gibt. Dem Maßstab entsprechend sind sie der Vergleichbarkeit und Klarheit halber zu Gruppen zusammengefaßt, was aber den sachlichen und zeitlichen Zusammenhang stört – keine Ideallösung.

Um so erfreulicher deshalb die Veteranen im Original. Die erste Lokomotive, die «Austria» der Kaiser-Ferdinands-Nordbahn (1837 bei Stephenson in England gekauft) existiert lediglich als Modell 1:5 – mit drei Personenwagen. Die älteste erhaltene Lok in Österreich ist eine ebenfalls englische (Jones, Turner & Evans, 1841) für die Kaiser-Ferdinands-Nordbahn, die dort die Nummer 37 führte und den Namen «Ajax». Die erste in Österreich gebaute Lokomotive stammt von Haswell aus der Maschinenfabrik der Wien-Gloggnitzer Eisenbahn, Baujahr 1848, Name «Steinbrück», Achsfolge 2'B. Sie wurde für die Südliche Staatsbahn (Mürzzuschlag – Cilli) gebaut und kam später zur Graz-Köflacher Bahn, die sie dem Museum spendete.

Die seltene Spurweite von 1106 mm hat die Dampflokomotive der ursprünglichen Pferdebahn Linz – Lambach – Gmunden aus dem Jahre 1854, eine 2'B von so origineller Form, daß allein diese Lokomotive eine Reise lohnt.

Aufgeschnitten zum besseren Verständnis ist die 1.20 (aus der Reihe 1 der Schnellzugslokomotiven für die k. k. Staatsbahn), 1883, gebaut in Florisdorf. Ein Elektromotor bewegt Räder und Gestänge.

Schließlich als Höhepunkt die fünffach gekuppelte Verbundlok 180.01 (k. k. Staatsbahnen) aus dem Jahre 1900.

In der Reihe der Modelle muß ich Sie noch auf zwei wichtige Exponate hinweisen, die «Philadelphia», erste aus Amerika bezogene Lokomotive der Wien-Gloggnitzer Bahn, und die «Kapellen», eine Stütztenderlok System Engerth vom Semmering.

Doch zurück zu den Originalen. Die elektrische Traktion vertritt die als Schnittmodell hergerichtete Lokomotive 1060.001 von der Mittenwaldbahn, die 1912 gebaute erste elektrische Vollbahnlokomotive Österreichs.

Unter den Wagen ist das weitaus wertvollste Stück der Pferdebahnwagen «Hannibal» der Pferdebahn Linz – Budweis. Er sieht aus wie eine auf Spurkranzräder gesetzte Postkutsche, hat

Die Dampflokomotiven Ajax (1841) und Steinbrück (1848), die beiden ältesten erhaltenen Lokomotiven österreichischer Eisenbahnen. Während

Ajax aus Großbritannien kam, war die Lokomotive Steinbrück ein österreichisches Erzeugnis, erbaut von Haswell für die Südliche Staatsbahn.

je vier Plätze innen und außen, aber auch Lenkachsen, die in Krümmungen in radiale Stellung gebracht wurden – die Bahn hatte unglaublich enge Kurven. – Von der 1854 auf Dampf umgestellten Teilstrecke Linz – Gmunden stammen ein offener Sommerwagen 2. Klasse und ein geschlossener Güterwagen. Von der Kaiser-Ferdinands-Nordbahn wird ein Gepäckwagen mit Bremserhaus gezeigt. Das Prunkstück der Sammlung aber ist der Salonwagen von 1873 der Kaiserin Elisabeth, den diese bis zu ihrem Tod ständig benutzte.

Beim Sicherungswesen sind vom Korbsignal bis zum modernen Drucktastenstellwerk alle Epochen dokumentiert, beim Fernmeldewesen die alten Telegrafenapparate die Schaustücke mit dem meisten Charme. Dann Elektrodienst, Zugförderungs- und Werkstättendienst mit Modellen von Wartungs- und Reparaturanlagen. Straßenbahnen – nicht unser Thema. Aber bei den Lokalbahnen finden wir ein paar aufregende Modelle wie den Triebwagen Nr. 1 der ersten elektrisch betriebenen Lokalbahn Österreichs zwischen Mödling bei Wien und Hinterbrühl, die Murtalbahn und die Lokalbahn Lind – Eferding – Waizenkirchen und ein paar konstruktiv insteressante Einzelteile.

Industriebahnen und – Zahnradbahnen. Da haben wir wieder ein Original, die Lokomotive Nr. 1 der Gaisbergbahn (bei Salzburg) aus dem Jahre 1887. Eine Dampflokomotive mit Blindwelle, B, Spurweite 1000 mm, Zahnstange nach dem System Riggenbach – nein, ein ganzer Zug auf dem original-ansteigenden Gleis. Von der Kahlenbergbahn gibt es nur noch ein Zahnrad und ein Stück Zahnstange (im Tiefgeschoß dazu ein Diorama). Ein Modell der Schweizer Zahnradbahn auf den Pilatus (System Locher, steilste Zahnradbahn der Welt, 480 ‰ Steigung), Bilder von der noch verkehrenden österreichischen dampfbetriebenen Zahnradbahn zum Achensee (vgl. Seite 167). Erinnerungen auch an die Erzbergbahn (vgl. Seite 154) und an die älteste Standseilbahn Österreichs auf den Kahlenberg (Diorama im Untergeschoß). Von der Grazer Schloßbergbahn dagegen gibt es noch einen Originalwagen mit nachgebautem Oberbau samt Bremszahnstange. Modelle auch von der Innsbrucker Hungerbergbahn.

Dem Charakter des Museums enspricht die Liebe zum Detail.

So können wir im Obergeschoß noch Uniformen, Fahrkarten und Sonderausweise prominenter Persönlichkeiten, Fahrkartendrucker und -entwerter bewundern, Eisenbahn-Notgeld und Eisenbahn-Briefmarken, Eisenbahnliteratur (auch als Anregung zum Auffüllen des eigenen Bücherschranks), Schallplatten mit Eisenbahn-Musik und dem unvergessenen Sound der Dampflokomotiven.

Nun noch das Freigelände: Vier Schnellzuglokomotiven und vier Güterzuglokomotiven repräsentieren die Entwicklung der k. k. Staatsbahn und der ÖBB. Zuerst die vierfach gekuppelte Güterzuglokomotive 73.79 von 1887, daneben die dreifach gekuppelte Güterzugverbundlokomotive 60.115 aus dem Jahre 1899, beide mit hohem Schornstein und Dampfdom, beide weitverbreitete Bauarten. Dann kommt die Schnellzuglokomotive 10.13 mit drei Kuppelachsen aus dem Jahre 1910, von der es nur 19 Stück gab, und die mit 100 Stück verbreitete Schnellzuglok 310.23. Das war eine dreifach gekuppelte Vierzylinder-Verbund-Lokomotive. Aus dem Jahre 1920 (Deutsch-österreichische Staatsbahnen) stammt die vierfach gekuppelte Güterzuglokomotive 270.125, aus dem Jahre 1923 die fünfach gekuppelte Güterzuglokomotive 81.44 und ebenso die Schnellzuglokomotive 113.02. End- und Höhepunkt dieser Ausstellung ist die stärkste Schnellzuglokomotive Österreichs, die 1936 gebaute 214.10, von der nur 13 Stück gebaut wurden.

Eisenbahnmuseum Strasshof «Das Heizhaus»

Träger: 1. österr. Straßenbahn- und Eisenbahnklub (1. ö.S.E.K.)

Lage: Strasshof, Sillerstraße 123; Anfahrt mit der Schnellbahn von Wien Linie S 1 Richtung Gänserndorf bis Silberwald, von dort fünf Minuten Fußweg – mit dem Auto über die B 8 bis Strasshof, dort auf Beschilderung achten.

Auskunft: 1. öSEK, 1233 Wien, Postfach 5 oder Das Heizhaus, 2213 Strasshof/Nordbahn, Sillerstraße 123, Tel. 0 22 87/30 27 (Anrufbeantworter).

Das Museum ist an Sonn- und Feiertagen im April bis September von 10 bis 16 Uhr geöffnet, Besuche an anderen Tagen sind nach vorheriger Absprache möglich. Der Eintrittspreis beträgt inklusive Führung für Erwachsene S 50, für Kinder S 20, Gruppen von mindestens 15 Personen erhalten 20 Prozent Ermäßigung.

Im Heizhaus finden Sie die historischen Fahrzeuge der ÖBB – das ist so mit Vorbehalten zu sagen, denn diese nehmen auch an mancherlei Sonderaktionen – Fahrten, Ausstellungen usw. – teil. Andererseits können hin und wieder auch Gastlokomotiven und -züge begrüßt werden.

An jedem ersten Sonntag im Monat werden Lokomotiven unter Dampf vorgeführt und es ist auch eine Mitfahrt auf dem Führerstand möglich.

An jedem zweiten Sonntag verkehrt die 5-Zoll-Dampfgartenbahn zur Mitfahrt für groß und klein. Zum Eisenbahnmuseum gehört auch eine große Modellbahnanlage Spur HO, Fotoausstellung aus der Arbeit der Modellbahngruppe des Vereins und vieles mehr. Schließlich soll auch die Möglichkeit erwähnt werden, im «weinroten Waggon» Erfrischungen und Souvenirs zu erstehen.

Das Heizhaus Strasshof-Silberwald war ein Teil der Nordbahn, Teil des letzten im Bereich der ehemaligen k.k. priv. Kaiser-Ferdinands-Nordbahn gebauten Rangierbahnhofs. Das war 1908, und der heutige Bau wurde 1938 – als die veränderte politische Situation auch die Verkehrsströme veränderte – geplant, aber erst 1944 begonnen und nach dem Krieg fertiggestellt. Die wiederum veränderten Verhältnisse ließen die Anlage überdimensioniert erscheinen, und nach Einstellung der Dampftraktion war sie ganz einfach – das war 1978 – überflüssig.
So ergab sich, daß durch ein glückliches Zusammenwirken des Eigners und des Vereins die staatliche Lokomotiven- und Wagensammlung hier eine Heimat fand. Die etwa 50 historischen Fahrzeuge können in einem ihnen entsprechenden Rahmen mit Drehscheibe und Kohlenkran, Wasserkränen – kurz, in der Umgebung eines (übrigens unter Denkmalschutz stehenden) Heizwerkes der 50er Jahre, gezeigt werden. Gleichzeitig stehen auch Werkstätten zur Unterhaltung und Restaurierung zu Verfügung.

Zwei Veteranen vor der Ausstellungshalle: links kkStB 229.222 (Personenzugtenderlok für Haupt- und Nebenbahnen) von 1918, rechts die 38.4101 von 1912, 2'Ch2.

Wollen wir nun einige wichtige Exponate vorstellen, so wäre an erster Stelle die Dampflokomotive 30.33 zu nennen. Eine 1'C1'n2vt, die 1897 für die k. k. Staatsbahnen gebaut wurde. 114 Maschinen wurden damals für die neue Wiener Stadtbahn beschafft. Das Zweizylinder-Verbundtriebwerk, dessen Niederdruckzylinder beim Anfahren Frischdampf direkt aus dem Kessel erhält, ermöglichte eine für solchen Betrieb wichtige rasche Beschleunigung. Als weitere Eigenart wurde von der Lokomotive verlangt, daß sie vorwärts genau so schnell (und gut) wie rückwärts liefe, da ein Wenden an den Endbahnhöfen der Stadtbahn nicht möglich war. Der große österreichische Lokomotivbauer Carl Gölsdorf entwickelte die neue Lokomotive aus der Reihe 60, einer dreigekuppelten Schlepptenderlok mit einer Laufachse vorn für den Betrieb auf Bergstrecken (die wiederum aus der einfach dreigekuppelten Güterzuglokomotive Reihe 59 entstanden war). Für die guten Fahreigenschaften in beiden Richtungen erhielt die Tenderlok je eine Vor- und Nachlaufachse: 1'B1'. Sie konnte Krümmungen bis zu 100 m Radius befahren.
Die Dampflokomotive, die bei der Planung und Inbetriebnahme der Wiener Stadtbahn als die einzig mögliche Lösung für die Traktion erschien, war bei Erledigung des Beschaffungsprogramms 1898 bereits technisch überholt, der elektrische Betrieb hielt bei vergleichbaren Bahnen Einzug, und nach Einstellung des Stadtbahnbetriebs wurden die 30er auf ganz Österreich verteilt. Die 3033, nun als 30.33 bezeichnet, ging 1934 an die Graz-Köflacher Bahn und wurde dort im Stahlwerk Donawitz eingesetzt, von wo sie ins Heizhaus kam und nach Einsätzen vor Museumszügen 1985/1987 komplett zerlegt und restauriert wurde. Damit erhielt die Lokomotive wieder ihr Aussehen wie bei der Ablieferung, schwarz lackiert mit blank polierten Gestänge, Radreifen und Puffern. Das Verbindungsrohr zwischen den beiden Dampfdomen ist allerdings eine Attrappe, und es wurde eine nicht stilechte, aber heute notwendige Luftpumpe für die Druckluftbremse eingebaut.
Seniorin der Ausstellung ist eine Zweikupplermaschine aus dem Jahre 1882 von Krauss in München mit Namen Ilse, exquisiter die 17c Nr. 372 der Südbahn von 1891, 2'Bn2, eine

Reisezuglokomotive, die viele Jahre auf der Graz-Köflacher Eisenbahn fuhr. Von 1895 dann ein Dreikuppler der Südbahn, Serie 32c, Nr. 1665, der nach dem Ersten Weltkrieg in Ungarn blieb.

Ein besonderes Stück Eisenbahngeschichte sind die beiden Zahnradlokomotiven Reihe 97 und 197, die von der inzwischen eingestellten Strecke Vordernberg – Eisenerz am Erzberg stammen. Die Reihe 197 – Fn2(4v)zzt – war über Jahrzehnte die stärkste Zahnradlokomotive der Welt.

Nur hier zu sehen ist die ÖBB 69.02, die 1935 durch Umbau aus einem Lokalbahn-Dreikuppler der Reihe 97 entstand: eine 1A1n2t – zu dieser Zeit mit nur einer Treibachse ein höchst ungewöhnliches Vehikel, zwei wurden damals umgebaut – die für leichte Züge als Triebwagenersatz vorgesehen war.

Daneben sehen wir die bekannten Arbeitspferde der österreichischen Eisenbahnen zwischen den Kriegen und nach dem Zweiten Weltkrieg, angefangen mit der von der Südbahn entwickelten Reihe 629 bis den Reihen 42 und 52, den Kriegslokomotiven des Zweiten Weltkrieges, die noch lange Jahre (die stärkere 42 am Semmering) Dienst taten.

Zumindest ein elektrisches Triebfahrzeug wollen wir hier auch erwähnen, den im Heizhaus ausgestellten Triebwagen 4041.01 (früher 10.001), der erste Triebwagen der BBÖ für den heute allgemein üblichen Einphasen-Wechselstrom, Bo'2', Jahrgang 1929, betriebsfähig und für Sonderfahrten im Einsatz.

Unter den Personenwagen zur Stadtbahnlokomotive die passenden Stadtbahnwagen (mit Gepäckabteil, man kannte keine besonderen Gepäckwagen), ein «Postkondukteurwagen» von 1919, alte Güterwagen, darunter ein mehr als 100 Jahre alter eiserner Kohlenwagen.

Unweit vom Heizhaus, am Bahnhof Deutsch-Wagram, entstand im Zuge der Jubiläumsfeierlichkeiten 150 Jahre Eisenbahn in Österreich ein weiteres kleines Eisenbahnmuseum, das ebenfalls an Sommersonntagen von 10 bis 16 Uhr zu besichtigen ist. Eintritt S 20, Gruppen ab 10 Personen S 10, Kinder frei. Es zeigt eine ganze Reihe von Schaustücken (Reliquien nannte Sie ein Informant) aus der österreichischen Eisenbahngeschichte. Für Fans eine Fundgrube.

Aufstellung zur großen Parade 150 Jahre Eisenbahnen in Österreich.

Oberösterreichisches Landesmuseum, Linz

Träger: Land Oberösterreich
Lage: Linz, Tummelplatz 10
Auskunft: Oberösterreichisches Landesmuseum, A 4020 Linz, Tel. 07 32/27 44 82 und 84

Eine schlechte Nachricht für Eisenbahnfreunde: derzeit, zumindest bis 1991, geschlossen wegen Umbau. Das sollte uns aber nicht hindern, dann nachzufragen, wie es mit der Neueröffnung steht. Schwerpunkt der eisenbahngeschichtlichen Sammlungen ist die Pferdebahn Gmunden – Linz – Budweis, mit der in österreichisch-ungarischen Monarchie eigentlich alles anfing.

Neydhartinger Verkehrsmuseum

Träger: Verband Österr. Privatmuseen, Bad Neydharting
Lage: Bad Wimsbach-Neydharting, Moorhof. Anfahrt: Bahnstation Wels, von dort Autobus; mit dem Auto Abfahrt Vorchdorf der Westautobahn, von dort in Richtung Lambach
Auskunft: Verband Österr. Privatmuseen, Zentralbüro 4010 Linz, Pfarrplatz 3–4, Tel. 07 32/27 17 81 (Museum Tel. 0 72 45/41 31)

Das Verkehrsmuseum gehört zu einer ganzen Reihe von Museen in Bad Neydharting, es ist täglich geöffnet, der Eintritt ist frei. Führungen finden jeweils mittwochs um 15 Uhr und nach vorheriger Vereinbarung statt.
Die Sammlung beschäftigt sich in erster Linie mit der 1832/36 eröffneten Pferdebahn von Budweis nach Linz und weiter nach Gmunden, die über Neydhartinger Gebiet führte. Drei Tage dauerte die Reise von Budweis nach Linz, wobei die Pferde jeweils 20 km hin und zurück an einem Tag zurücklegten, 40 km also insgesamt, und das entsprach auch der Fortbewegung von Fracht und Passagieren. Einmal täglich fuhren die durchgehenden Wagenzüge in langer Reihe. Die 1836 eröffnete Anschlußstrecke dagegen wurde zweimal täglich befahren und die Reise dauerte einen und einen halben Tag. Schon nach wenigen Jahren genügte die Kapazität nicht mehr, denn die Verbindung der Stromgebiete von Donau und Moldau war für die Wirtschaft der österreichisch-ungarischen Monarchie von großer Bedeutung. Der leichte Bau mit engen Kurven war zwar billig gewesen und hatte nicht viel Zeit in Anspruch genommen, stellte sich für den Betrieb von Dampflokomotiven aber als völlig ungeeignet heraus, so daß diese Bahn eine bald erledigte Episode blieb.
Weitere Exponate zeichnen das Bild der Bahn von Rovereto nach Riva am Gardasee nach, deren Gründer und Stationsvor-

steher Otto-Karl Stöber war, der Vater von Professor Otto Stöber, dem Schöpfer des modernen Moorbades Neydharting. Dazu kommen Eisenbahnmodelle und Literatur.
Im Freigelände sehen Sie die Lokomotive «Anna» und den Salonwagen des Kaisers Franz-Joseph I. Daneben alte Plateau-Wagen mit Holzfedern und historische Güterwagen, schließlich einen alten Bremsstein der Pferdeeisenbahn Budweis – Gmunden.

Museumsbahnhof Aschach an der Steyr

Träger: Österreichische Gesellschaft für Eisenbahngeschichte
Lage: Aschach, Bahnhof; die Anfahrt erfolgt stilgerecht mit der Steyrtal-Museumsbahn Steyr Lokalbahnhof – Grünburg
Auskunft: Österreichische Gesellschaft für Eisenbahngeschichte, 4018 Linz, Postfach 11, Tel. 07 32/2 35 24 33 oder 23 14 59

Nicht im Bahnhof Aschach befindet sich ein Museum, sondern der Bahnhof ist es. An den Betriebstagen der Steyrtal-Museumsbahn, wenn im Bahnhof Führungen stattfinden, geht es lebhaft zu.
Hier gibt es eine Verkehrskanzlei im Stil der Jahrhundertwende, es werden die Edmonsonschen Kartonkarten im Fahrkartenschrank bereitgehalten, die beim Verkauf mit dem «Composteur» das Datum eingeprägt bekommen. Ein Schlüsselbrett dient der Zugsicherung, eine etwa sechzig Jahre alte Bahnhofsuhr zeigt die Zeit an. Mit der Stationsglocke werden die Züge eingeläutet und das Prunkstück ist ein Wandtelephon aus dem Jahre 1883.
Besonders romantisch erscheint der Bahnhof bei Dunkelheit, wenn Dienstraum, Bahnsteig und Weichensignale mit Petroleumlampen beleuchtet werden und die Abfertigung der Züge mit einer grün abgeblendeten Handlampe erfolgt.
Die Einrichtung des Museumsbahnhofes besteht also nicht aus Schaustücken, sondern «funktioniert», wie das einst allgemein üblich war. Dazu kommen Bilddokumentationen aus der Geschichte der Steyrtalbahn und ihrer Einrichtungen sowie aus der Arbeitswelt der Eisenbahner heute.
Weitere Schausammlungen unterhält die Österreichische Gesellschaft für Eisenbahngeschichte in den Bahnhöfen Steyr Lokalbahnhof und Grünberg der Steyrtal-Museumsbahn und in der Remise St. Florian der Museumsbahn St. Florian.

Feld- und Industriebahnmuseum Freiland

Träger: «Freunde des Feld- und Industriebahnmuseums»
Lage: Freiland, Niederösterreich, gegenüber dem Bahnhof der ÖBB an der Hohenberger Bundesstraße B 214. Anfahrt mit der Bahn über St. Pölten Hbf und Traisen, mit dem Auto von der Abfahrt St. Pölten Süd der Westautobahn über die Bundesstraße 20 in Richtung Mariazell nach Freiland. Im Ort die B 214 zum Bahnhof nehmen.
Auskunft: Feld- und Industriebahnmuseuem, 3183 Freiland, Auwerk 27

«Seit Jänner dieses Jahres arbeitet der Landmaschinenmechaniker Braun in Rotheau im Traisental an der nunmehr fast neunzig Jahre alten Orenstein & Koppel Dampflokomotive Fabrik Nr. 366. Bis jetzt wurden die beiden Kohlenkästen neu angefertigt, wobei die äußeren Seitenbleche genietet wurden. Der Führerstandsoberteil – nach Originalunterlagen nur an der Vorderseite geschlossen – wird ebenfalls in Nietkonstruktion neu hergestellt. Im Zuge der Restaurierungsarbeiten an der O & K 366 hat sich der Nachguß des Rauchfangs als unumgänglich notwendig herausgestellt. Der vorhandene Rauchfang wurde bei der Montage eines konischen ‹Kobels› für die Verfeuerung von Holz um etwa 20 cm gekürzt und weist darüber hinaus im oberen Teil starke Korrosionsnarben auf. Der neu anzufertigende Grauguß-Rauchfang wird nach Originalunterlagen mit einer Rauchfangkrone versehen. Die Zeichnungen für das Gußmodell wurden nach langwierigen Ermittlungen und Suchen in der Originalliteratur von unserem Ing. Kurdiovsky erstellt. Die voraussichtlichen Kosten für das Gußmodell des Rauchfanges aus Holz betragen 14000 öS und für den Abguß 2500 öS. Um die im heurigen Jahr für die Rekonstruktion der 366 zur Verfügung stehenden Mittel nicht zu schmälern, haben wir einen Spendenaufruf . . .»

Das ist der Alltag eines Eisenbahnmuseums und eines Fördervereins. Das Feld- und Industriebahnmuseum, das 1985 seinen zwanzigsten Geburtstag feiern konnte, hat seit 1983 ein Domizil in Freiland gefunden. Das 4500 qm große Gelände enthält ein als Fahrzeughalle und Werkstatt genutztes Kesselhaus einer ehemaligen Papierfabrik und eine mehr als 700 m lange Gleisanlage für Demonstrationsfahrten. Jeden Sonntag von Mitte April bis Mitte Oktober ist das Museum von 9 bis 16 Uhr geöffnet, hin und wieder findet Vorführbetrieb statt – Sie sollten sich danach erkundigen. Der Eintritt ist frei, Spenden werden erbeten.

Die vierachsige Drehgestellokomotive im Vordergrund war für das Bergwerk Prijedor in Bosnien bestimmt. Als sie aber 1919 fertiggestellt war, kam sie an das Städtische Dampfkraftwerk Engerthstraße in Wien: 220 Volt Gleichstrom, 30 PS, Gewicht 4,5 t, Hersteller Simmeringer Waggonfabrik und AEG.

Die Fahrzeugsammlung besteht derzeit aus zwei Dampflokomotiven, vier Elektrolokomotiven, 22 Lokomotiven mit Verbrennungsmotor und 92 Wagen unterschiedlicher Bauart. Sie geben einen Überblick über eine etwa neunzigjährige, inzwischen abgeschlossene Epoche und zeigen die Breite des Themas vom Muldenkippwagen für Baustellen über spezielle Wagen für den Rübentransport in der Landwirtschaft, die Abfuhr von Holz auf Waldbahnen, Grubenhunte, Seitenentladewagen für Bergbaubetriebe und Grubenholzwagen, Spezialwagen für Ziegeleien bis zum Beton-Rundumkippwagen und Großraum-Schüttgüterwagen.
Von besonderem Interesse sind die beiden frühen Elektroloks (von 1907) mit zweiachsigem Laufwerk und hölzernem Kastenaufbau und ein Schneepflugwagen auf 600-mm-Spur. Ebenso exotisch erscheint ein Tunnelofenwagen, mit dem rohe Ziegel durch den Brennofen der Ziegelei geführt wurden, und ein für die Hausrollbahn der österreichischen Nationalbank gebauter Banknotentransportwagen. Nicht alle Tage sind Schmalspur-Personenwagen zu sehen wie hier die von den Schoeller-Beckmann-Stahlwerken in Mürzzuschlag, die dem Transport von Arbeitern zwischen den Produktionsstätten Mürzzuschlag und Hönigsberg dienten (siehe auch «Die Remise in Hirschwang an der Rax», Seite 150 ff.).
Dazu kommen Dioramen und mancherlei anderes Anschauungsmaterial wie eine Sammlung unterschiedlicher Oberbauformen, fest verlegte Demonstrationsgleise mit Weichen und Drehscheiben, Wurfrahmengleisen, Rillenschienen und vielerlei «Kleinzeug». Die Fahrzeuge und Gleise haben vorwiegend eine Spurweite von 600 mm, aber auch 700 und 760 mm.
Das umfangreiche Archiv des Museums befindet sich noch in Wien und ist derzeit nicht zugänglich, doch werden Anfragen im Rahmen der Möglichkeiten gern beantwortet.

1. NÖ. Priv. Museum für Dampfmaschinen und historisches Eisenbahnmaterial, Erlach

Träger: Ing. F. Ritter & Söhne
Lage: Erlach, Niederösterreich
Auskunft: Ing. F. Ritter & Söhne, 2700 Wiener Neustadt, Himmelbachgasse 2, Tel. 0 26 22/51 57 85 oder 0 26 27/88 11 (Museum)

Das Museum ist im Sommer 1989 eröffnet worden, es ist in den Sommermonaten an Samstag-Nachmittagen zugänglich, doch nur für angemeldete Besucher.
Mindest-Teilnehmerzahl ist acht Personen, für mindestens 30 Personen gibt es zweimal im Monat Dampfschaufahrten und für größere Gruppen Sonderarrangements.
«Wir kaufen noch nicht vorhandenes altes Eisenbahngerät für die Sammlung», heißt es im Prospekt. Drei Generationen haben im Familienteam – die erste Generation mag dieses Wort nicht gekannt haben – gesammelt und restauriert: Eine Dampflok (790 mm Spurweite, Krauss München 1916, Nr. 7216), eine Dampfmaschine, Wagen, Aggregate, Feldbahnmaterial, eine Schmalspurstrecke mit allen Ausrüstungsgegenständen nach dem Stand der Jahrhundertwende, Handwerkszeug, Bilder, Fotos, Bücher ... Das alles auf 11 000 qm Areal, auf das auch «Filmemacher» und Nostalgiefotografen eingeladen sind.

Die Remise in Hirschwang an der Rax

Träger: Österreichische Gesellschaft für Lokalbahnen
Lage: Hirschwang an der Rax, Bahnhof; Anfahrt mit der Bahn bis Payerbach-Reichenau (Kursbuchtafel 5), mit dem Auto über die Südautobahn A 2, Semmeringschnellstraße S 6 bis Gloggnitz, weiter über die alte Höllentalstraße B 27
Auskunft: Österreichische Gesellschaft für Lokalbahnen, 1150 Wien, Postfach 625, Tel: 02 22/56 50 50 20

Die Schausammlung umfaßt die Fahrzeuge der Museumsbahn Payerbach – Hirschwang (Höllentalbahn). Sie ist an den Betriebstagen der Bahn geöffnet. Eintrittsgeld wird nicht erhoben, doch werden Spenden erbeten. Wer seine Reise nicht auf den Plan der Betriebstage abstimmen kann, erhält doch Einlaß (und eine Führung), wenn er sich vier Wochen vorher anmeldet. Bei vierwöchiger Vormerkung sind übrigens auch Dampflokfahrten möglich, selbst am Regler oder als Mitfahrer – das natürlich nur an den Betriebstagen.
Wie das in einer Remise ist, will keine rechte Museumsatmosphäre aufkommen. In erster Linie dient die Halle der Reparatur (und Aufarbeitung) sowie der Pflege der Fahrzeuge. Der auswärtige Eisenbahnfan fühlt sich gleich wie zu Hause.
Doch lohnt die Reise, denn es gibt einiges zu sehen, wonach man in anderen Fahrzeugsammlungen vergeblich fragt. Ganz allgemein geht es um österreichische Schmalspurbahnen, im einzelnen um die Fahrzeuge der Niederösterreichischen Landesbahnen und der Lokalbahn Payerbach – Hirschwang. Die Museumsbahn fährt auf 760 mm Schmalspur.
Unter den Museumsfahrzeugen verdienen die beiden ältesten betriebsfähigen Elektro-Schmalspurlokomotiven die größte Aufmerksamkeit. Sie wurden 1903 erbaut und beim Bau des Karawankentunnels eingesetzt. Dann folgten mancherlei Umbauten, schon weil im Freien der Fahrdraht höher angebracht

Ausstellungs- und Arbeitsraum in einem: Rekonstruktion eines hölzernen Wagenaufbaus (TW 8).

werden konnte als in der engen Tunnelröhre und die kleinen Lokomotiven sich entsprechend strecken mußten. Hölzerne Aufbauten wurden durch solche aus Blech ersetzt, 1953 erhielten die beiden die heutige Form eines «fahrenden Gartenhauses», bis 1973 standen sie als Güterzugloks zwischen Payerbach und Hirschwang im täglichen Einsatz. Aber das lassen Sie sich am besten an Ort und Stelle erzählen. Hier noch ein paar technische Daten:

Länge 4200 mm
Radstand 1100 mm
Stromsystem Gleichstrom 550 V
Zahl der Motoren 2
Leistung 48 PS
mittlere Geschwindigkeit 10 km/h
größte Zugkraft 75 t bei 6 ‰ Steigung auf gerader Strecke.

Im Tunnel waren die beiden Lokomotiven als Doppellok mit Einmannbedienung gefahren, danach gingen sie getrennt durch ihr weiteres Leben.
Dampf- und Diesellokomotiven finden immer Interesse. Hier als Seniorin die 1989 hauptausgebesserte und weitgehend in Ablieferungszustand versetzte Steyrtal-Lok Nr. 4 «Molln», Baujahr 1890 (ex ÖBB 298.104). Die Lokomotive stammt von Krauss in Linz und hat eine Leistung von etwa 190 PS, eine Höchstgeschwindigkeit von 40 km/h. Zweite ist die 298.51 der ÖBB, 1898 ebenfalls von Krauss Linz für die Niederösterreichischen Landesbahnen gebaut. Eine Vertreterin der ehemaligen U 1, Bauart C1t. Relativ reichhaltig ist auch die Übersicht über die Entwicklung der Triebwagen, einige Personenwagen und als Bonbon der Schausammlung der Salonwagen S1, der 1890 für die Fahrten des Kaisers und Angehörige des Herrscherhauses nach Bad Ischl angeschafft wurde.
Lassen Sie es sich nicht entgehen: ein Schienenfahrrad (um 1900), Schienenmotorräder (um 1930) und eine geschlossene Motordraisine (1925) für vier Personen führen die Hierarchie auf der Strecke vor Augen. Lassen Sie uns einen Augenblick bei den Schienenmotorrädern verweilen. Die waren für die Bahn- und Signalmeister bestimmt. Mit zwei Achsen und zwei Sitzen

waren sie 70 km/h schnell. Mit Hilfe eines Dorns am Rahmen und eines mitgeführten Holzblocks konnte das Fahrzeug bequem von einem Mann gewendet werden; es gab diese Motorräder für Normalspur und für Schmalspur.
Die Güterwagen stammen weitgehend aus dem Bereich der Feldbahnen, Heeresfeldbahnen und Waldbahnen. Dazu passen dann, diese Kuriosität zum Abschied, die kleinsten bekannten Personenwagen, 4 m lang, 1,50 m breit, mit zwei Fenstern und einer Tür auf jeder Seite und zwei Längsbänken für zehn Mitfahrer. Die Wagen bildeten Arbeiter-Personenzüge zwischen den Betriebsstätten Mürzzuschlag und Hönigsberg der späteren Schoeller-Bleckmann Stahlwerke AG (siehe auch Feld- und Industriebahnmuseum Freiland, Seite 146 ff.).

Zahnradbahnmuseum in Vordernberg

Träger: Zahnradbahnverein Erzbergbahn, Vordernberg
Lage: Vordernberg, Hauptstraße 85, Hoftrakt des Erzherzog-Johann-Hauses, direkt am Hauptplatz
Auskunft: Zahnradbahnverein Vordernberg, Kustos Alfred Hutter, 8794 Vordernberg, Postfach 7, Tel. 0 38 49/60 04.

Das Museum hat die Aufgabe, die Geschichte der Zahnradbahn Vordernberg – Eisenerz, «Erzbergbahn» genannt, zu dokumentieren. Diese Bahn besitzt als Österreichs ehemalig einzige normalspurige Zahnradbahn besonderen Erinnerungswert.
Erzbergbahn? Erzberg? Wie kommt man da hin? Relativ einfach, aus der Richtung Wiener Neustadt mit der Südbahn oder über die S 6 nach Leoben, von dort nach Vordernberg. Schwieriger aus dem Norden, Richtung Linz, mit der Bahn von der Westbahn in die Ennstallinie umsteigen (KBS 13, ab Hieflau KBS 61) bis Eisenerz und von da mit dem Autobus nach Vordernberg, Haltestelle Hauptplatz.
Mit dem Pkw nehmen Sie von Linz kommend die Bundesstraße 115 (Eisenbundesstraße mit zahlreichen Sehenswürdigkeiten rund um Erz, Eisen und Stahl) über Steyr, Kleinreifling, Hieflau, Eisenerz nach Vordernberg. Dabei passieren Sie zwischen Eisenerz und Vordernberg den Präbichlpaß.
Das Museum ist das ganze Jahr über täglich von 9 bis 17 Uhr geöffnet, vorausgesetzt, daß der Betreuer durch die Klingelanlage erreichbar ist. So empfiehlt sich eine telefonische Anmeldung. Der Eintrittspreis ist S 10 für Erwachsene, für Kinder die Hälfte.

Die Erzbergbahn, der dieses Museum gewidmet ist, existiert seit 1988 nicht mehr. Aber beginnen wir von vorn. Das Problem, das Erz des Erzbergs zu den Schmelzöfen in Vordernberg zu bringen, ist Jahrhunderte alt. Man benutzte Tragtiere und Fuhrwerke. In den Dreißigerjahren des vorigen Jahrhunderts wurde ein System von Schmalspurbahnen, Bremsbergen und Sturzschächten angelegt, das die Verhältnisse besserte, aber nicht voll befriedigte. Immer neue Pläne wurden erwogen.

Der Durchbruch aber wurde erst erzielt, als die technischen und wirtschaftlichen Voraussetzungen gereift waren. Die wirtschaftlichen, indem die sich bis dahin befehdenden Abbauunternehmen – 1881 – zusammenschlossen. Die technischen durch die Erfindung einer neuen Art von Zahnstange durch Roman Abt, der zwei oder drei davon versetzt nebeneinander montierte und so den Zahnstangenbetrieb auch für schwere Züge praktikabel machte. Die «Localbahn Erzberg – Vordernberg» eröffnete im Mai 1891 die 19,995 km lange Strecke von Eisenerz (691 m) zur Erzverladeanlage Bahnhof Erzberg (1070 m) über den Präbichlpaß (1204 m) nach Vordernberg (768 m). Die Strecke hatte acht Viadukte und eine große Brücke, dazu fünf Tunnel, der Plattentunnel mit 1394 m ist der längste.

Sie sehen im Museum viele Bilder vom Betrieb der Erzbergbahn. Eine der ersten Lokomotiven, Baureihe 97, C1'zztn4, ist als Lokomotivdenkmal auf dem Hauptplatz aufgestellt, im Museum ist der Führerstand einer solchen 97er mit Originalarmaturen und ein Zahnradtriebwerk zu sehen. Von diesen Lokomotiven gab es 18 Stück.

1912 kam dann die Reihe 197, Fünfkuppler, von denen allerdings nur drei Stück gebaut wurden, und 1941 die mit 1450 PS stärkste Zahnradlok, Reihe 297, 1'F1'zzth4, zwei Exemplare. Die 297.401 steht als Lokomotivdenkmal am Südbahnhof Vordernberg.

Ab 1965 wurde der Erz- und Personenverkehr mit sechs Schienenbussen der Reihe VT 5081.5 (AA, 220 kW) und ab 1973 vier weiteren Lokomotiven der Reihe 20.43.5 (BB, 1100 kW) «verdieselt». Damit zusammen lief die Umstellung von Zahnstangen- auf Adhäsionsbetrieb. Moderne Adhäsisionslokomotiven sind einer Steigung von maximal 74 ‰ gewachsen. 1988 wurde der Verkehr eingestellt.

So dokumentiert das Zahnradmuseum ein in jeder Hinsicht abgeschlossenes Kapitel Eisenbahngeschichte, ein Beispiel dafür, wie sehr die Bahn in geographische Gegebenheiten und wirtschaftlich-politische Abläufe eingebettet ist, die letztendlich ihr Schicksal bestimmen.

Das Zahnradbahnmuseum in Vordernberg ist der Erzbergbahn gewidmet. Hier das Zahnradtriebwerk der Dampflok 97.207, dahinter ein Führerstand mit Originalarmaturen einer Dampflok Baureihe 97.200.

Schaubergwerk auf dem Steirischen Erzberg, Eisenerz

Träger: VOEST-Alpine Erzberg Ges.m.b.H.
Lage: Eisenerz, Ortsteil Trofeng, Talstation des ehemaligen Erzbergaufzuges; Anfahrt mit der Bahn über Hieflau nach Eisenerz oder Leoben nach Vordernberg Markt und weiter mit dem Bus nach Eisenerz, von dort 25 Minuten Fußweg oder ÖBB-Bus. Mit dem Auto über die «Eisenbundesstraße» B 115 nach Eisenerz, von dort ausgeschildert.
Auskunft: Bergdirektion Eisenerz, 8790 Eisenerz, Freiheitsplatz 1, Tel. 0 38 48/45 31–4 70.

«Fahren Sie mit dem Grubenzug in die Welt der Knappen» – das können Sie ohne weitere Formalitäten vom 1. März bis 31. Oktober täglich um 10 Uhr und um 14.30 Uhr. Die Führung dauert etwa zwei Stunden. Außerhalb dieser Zeiten sind – das ganze Jahr hindurch – Sondertermine für Gruppen möglich. Anmeldung erbeten. Der Eintrittspreis beträgt S 90 für Erwachsene, S 45 für Kinder, Schüler und Studenten. Dafür erhalten Sie aber nicht nur die Fahrt mit dem Grubenzug, sondern sehen an 32 Stationen den Erzberg und alles, was mit ihm zusammenhängt.

Vom Treffpunkt aus geht es mit dem Bus in die Etage 1. Sparen wir uns hier die übrigen 31 Kapitel und konzentrieren wir uns auf die «Gleisgebundene Förderung», wie es in der Sprache der Fachleute lautet. Seit 1810 gab es eine Schienen-Förderbahn am Erzberg, die erste Österreichs. Und in der Zeit ihrer größten Ausdehnung hatte sie 240 km Gleisstrecken (in Verbindung mit mehreren Schrägaufzügen). Seit 1988 wurde die Gleisförderung stillgelegt. Schwerlastkraftwagen mit 77 t Nutzlast haben den Transport des Erzes übernommen. Für die Besucher verkehrt noch der ehemalige Mannschaftszug «Katl», der uns in das unterirdische Schaubergwerk (und zurück) bringt, das aus dem 1986 eingestellten Grubenbetrieb entstanden ist. Fahrzeit jeweils etwa sieben Minuten. Das sind drei zweiachsige gedeckte Wagen mit je 24 Sitzplätzen und je einer Lokomotive vorn und hinten. Die Bahn hat eine Spurweite von 900 mm und wird mit 600 V Gleichstrom betrieben. Die drei zur Verfügung stehenden Lokomotiven mit der Achsfolge Bo haben eine Stärke von 100 PS.

Im Verlauf der Führungsroute sind entsprechend der Bedeutung des Eisenbahnbetriebs beim Erzabbau noch einige Lokomotiven zu sehen, die nurmehr als Schaustücke aufgestellt sind. Weiteres Material, Lokomotiven und Förderwagen älterer und neuerer Bauart, ist in und bei der nicht zugänglichen Lokremise abgestellt, harrt der Aufarbeitung oder der Verschrottung. Sie sehen:

Besucherzug am Steirischen Erzberg, er bringt die Besucher zum unterirdischen Schaubergwerk.

Nach der Einstellung der «Gleisgebundenen Förderung»: abgestellte Elektrolokomotiven (250 PS, 100 PS, 320 PS).

Nach der Einstellung der «Gleisgebundenen Förderung»: abgestellte Wagen und Lokomotiven.

- an der Talstation Erzbergaufzug die Dampflokomotive 40.4, Bn2t, 40 PS, Baujahr 1906, Spurweite 790 mm (alle Fahrzeuge des Erzberges hatten bzw. haben 900 mm Spurweite, sie stammt von der Hütte Donawitz).
- am Oswaldirücken die Diesellokomotive 7/15, B-dm, 1937, 15 PS.
- am Großbecher Etage 1 die Elektrolok 2/25, Bo, etwa 1900, 25 PS, älteste Elektrolokomotive des Erzberges.
- neben diesen «Kabinettstücken» fünf moderne Elektroloks Baujahr 1941 bis 1980, alle Bauart Bo, mit 200 bis 380 PS Leistung.

Bis 1985 gab es auch den «Huntslauf» der Tagbau- und Grubenerze zu den Bahnverladestellen auf der Schiene. Der erstreckte sich über 9 km Gleislänge mit 42 durch ein Gleisbildstellwerk bedienten Weichen. Es gab drei Zuggarnituren mit je einer Drehstromlok von 250 kW Leistung und acht Kastenselbstkippern mit Funkfernsteuerung, so daß die Züge mit Einmannbedienung gefahren und entladen werden konnten.
Der Erzberg ist ein Stück Wirtschafts- und Kulturgeschichte, dessen Bedeutung sich in der Tatsache dokumentiert, daß sich drei Museen mit ihm befassen, neben dem Schaubergwerk, das hier beschreiben wird, das Bergmuseum in Eisenerz und das Zahnradmuseum in Vordernberg (Besprechung Seite 154).

Feldbahnsammlung Markus Mandl, Stainz

Träger: Markus Mandl

Lage: Stainz/Steiermark, im Bahnhofsgelände neben dem Heizhaus. Anfahrt mit der Graz-Köflacher Bahn nach Preding – Wieselsdorf, von dort mit dem Bus der Graz-Köflacher Bahn nach Stainz; mit dem Auto über die Bundesstraße Graz – Deutschlandsberg nach Stainz.

Auskunft: Feldbahnsammlung Markus Mandl, 8510 Stainz, Bahnhofstr. 28, Tel. 0 34 63/22 30/22 03/23 25.

Feldbahnsammlung Markus Mandl – ein rollendes Museum mit 350 m Demonstrationsstrecke.

Besucher sind vom Mai bis Oktober an allen Samstagen, Sonn- und Feiertagen von 9 bis 17 Uhr willkommen, an den übrigen Tagen ist eine Besichtigung nach vorheriger Absprache durchweg möglich, ein Eintrittsgeld wird nicht erhoben.
Die Sammlung umfaßt Feldbahnmaterial in den Spurweiten 600 und 760 mm, wobei der Schwerpunkt ganz klar auf der Spurweite 600 mm liegt. Fünf Dieselloks sind derzeit vorhanden, Baujahr 1937 bis 1952. Viel weiter geht die Sammlung der Wagen zurück, von denen allein 30 fahrbereit sind und zusammen mit den Lokomotiven auf der 350 m langen Demonstrationsstrecke vorgeführt werden können. Da können auch Filmfreunde ihr Hobby ausüben.
Zum Wagenpark gehören Fahrzeuge ab 1895, zum Beispiel k. k. Feldbahntrucks, Kipploren, Grubenhunte, Plattenwagen und Holzwagen. Dazu kommt umfangreiches Demonstrationsmaterial verschiedener Gleisbauformen mit Drehscheiben, Kreuzungen, Weichen und Kletterweichen. Die Sammlung wird laufend ergänzt.

Schmalspurbahn-Museum Frojach-Katschtal

Träger: Club 760, Verein der Freunde der Murtalbahn, Murau
Lage: Bahnhof Frojach-Katschtal an der Murtalbahn. Anfahrt über die Bundesstraße 96, 17 km östlich von Unzmarkt.
Auskunft: Club 760, 8850 Murau, Postfach 51, Tel. 0 35 32/28 78

Die Aktivitäten des Club 760 sind vielfältig. Neben dem Betrieb der Taurachbahn und der dazu gehörenden Fahrzeugsammlung im Heizhaus Mauterndorf (Seite 165) und der Unterhaltung von rollendem Material auf der Taurachbahn und der Stainzerbahn – eigentlich steht das Schmalspurmuseum Frojach-Katschtal bei all dem im Mittelpunkt. Vom Bahnhof der Steiermärkischen Landesbahnen (StLB) führt eine 400 m lange Gleisharfe zu der Halle, in der auf drei Gleisen von je 30 m Nutzlänge je drei Triebfahrzeuge abgestellt werden können. Das Motto ist «100 Jahre bosnische Spurweite 760 mm», die magische Zahl, von der der Club auch seinen Namen entlehnt hat, und es dürfte sich um die größte Sammlung auf diesem Spezialgebiet handeln.
Das Museum ist an Sommer-Samstag-Nachmittagen geöffnet, ein Eintrittsgeld wird nicht erhoben, eine Spende gern akzeptiert. Im August jeweils finden «Schmalspurtage» statt, vielleicht können Sie's einrichten. Der Vorfreude halber hier eine Übersicht über die wichtigsten (und einmaligen) Schaustücke:
Dampflokomotiven: Sieben an der Zahl. Darunter drei Seniorinnen, die Z 6 «Thörl», eine Ch2t, Baujahr 1893 von Krauss Linz, dann zwei C1n2t aus demselben Stall, Baujahr 1893 und 1894. Ihre Bezeichnungen lauten S 7 und U 11. Dem Thema der Sammlung entsprechend direkt von den Bosnisch-Herzogowinischen Staatsbahnen (BHSTB) kommt die 97-029, eine C2n4zzst, also eine Zahnradlokomotive, gebaut 1914 von Flo-

risdorf. Sie hatte in Bosnien die Bezeichnung IIIc5 No 729 und fuhr auf den Strecken Sarajewo – Metkovic und Travnik – Bugojno. Ins Murtal kam sie auf Hochglanz getrimmt als Leihgabe des Österreichischen Eisenbahnmuseums.

Neuerwerbungen und völlig überarbeitet sind die ehemaligen BHSTB Nr. 169 und 1108. Die erste als Nr. 73.019, Baujahr 1913, eine Schnellzuglokomotive, die für die BHSTB – Reihe IIIb5 – in Budapest gebaut wurde und auf den Hauptstrecken um Sarajewo lief. Bauart 1'C1'h2, Dienstmasse 30,5 t. Die zweite stammt aus dem Jahr 1909, von Krauss Linz, Bauart D1n2v, Dienstmasse 36 t. Sie fuhr als 83.076 als Güterzuglok in Jugoslawien und hat 1987 an der Fahrzeugparade «150 Jahre österreichische Eisenbahnen» teilgenommen. Betriebsbereit ist die Kh 111, eine Eh2t, Krauss Linz, Baujahr 1930. Als Ersatzteilspender für die in Mauterndorf zu sehende und dort beschriebene 669.01 gibt es die 669.02, die als Leihgabe derzeit in der Schausammlung der SEWG-Jagsttalbahn in Dörzbach steht.

Unter den vielen Wagen möchte ich Ihnen einen besonders vorstellen, ehe wir unseren Rundgang beenden. Es ist der S 152, Hofsalonwagen der Ischlerbahn Salzburg – Bad Ischl, Ihnen vielleicht als Salzkammergut-Lokalbahn (SKGLB) bekannt.

Der Wagen ist auf den Gleisen der STLB zugelassen und hat dort schon manche Festlichkeit durch seine Anwesenheit verschönt.

Überhaupt ist der enge Kontakt mit der «lebenden» Murtalbahn der Steiermärkischen Landesbahnen nicht zu überschätzen. So rechnet man damit, bei allfälligen Modernisierungen weitere Fahrzeuge ankaufen zu können, wie das 1985 und 1986 mit älteren Güterwagen der Fall war.

Fahrzeugsammlung des Club 760 auf der Taurachbahn

Träger: Taurachbahn GesmbH, Mauterndorf
Lage: Mauterndorf, Bahnhof
Auskunft: Club 760, 5570 Mauterndorf, Bahnhof, Tel. 0 64 72/76 87

Ja, die Taurachbahn ist eine Gründung des Club 760, der damit 1980 die drohende Demontage der Teilstrecke Tamsweg – Mauterndorf der Murtalbahn abwendete und dort eine Museumsbahn einrichtete. Dazu gehörte die Sanierung der Bahnhofsgebäude in Mariapfarr und Mauterndorf. Jenes in Mauterndorf – restauriert außen und innen nach alten Plänen – steht nun unter Denkmalschutz. Schließlich ist dort im Heizhaus und auf dem Freigelände eine Fahrzeugsammlung zu sehen.

Am besten ist natürlich ein Besuch an den Fahrtagen, dann können Sie auch bei «Zwischenfahrten» selbst auf der Diesellok stehen. Vereinbaren Sie das an Ort und Stelle. Im übrigen ist in den Sommermonaten stets eine Ansprechperson anwesend. Mitten im Feriengebiet zwischen Tauern und Katschberg sollten Sie den Besuch dieses Museums in das nächste Urlaubsprogramm aufnehmen.

Für den Museumszug ist die Dampflok 669.01 in Mauterndorf abgestellt. Das ist eine ehemalige Herresfeldbahnlok HF 2818, Dh2, Franco Belge, Baujahr 1944, natürlich 760 mm Schmalspur. Daneben sind drei Dieselloks zu sehen, zwei Industrieloks mit der Achsfolge B und die VL 01, eine vierachsige Heeresfeldbahnlok der Type HF 200 D aus dem Jahre 1942, gebaut von Deutz.

Wesentlich älter ist das Wagenmaterial. Der Hit ist der älteste Postwagen der Murtalbahn, der völlig restaurierte «F 91», nicht weniger von Interesse der «C 60», ein original achtfenstriger Flachdachwagen in schmaler Kastenbreite, früher auf der

Strecke Kapfenberg – Au – Seewiesen eingesetzt, Baujahr 1892 (!), völlig neu aufgebaut mit einem Kastenaufbau aus Eichenholz.

Der Museumszug besteht aus Haubendachwagen, früher ÖBB, und einem vierfenstrigen Haubendachwagen, der früher bei der Salzkammergut-Lokalbahn (SKBLB), danach bei der Zillertalbahn gelaufen ist. Zusammen mit Empfangsgebäude, Fachwerk-Heizhaus und Kohlenschuppen gibt er ein stilreines Bild von Großvaters Eisenbahn – und genau das ist beabsichtigt.

Zahnradbahnmuseum der Achenseebahn, Jenbach/Tirol

Träger: Achenseebahn AG
Lage: Jenbach/Tirol, am Bahnhof
Auskunft: Achenseebahn, Betriebsleitung, 6200 Jenbach, Bahnhof, Tel. 0 52 44/22 43

Im Laufe von 100 Jahren Zahnradbahnbetrieb zwischen Jenbach und dem Achensee hat sich viel interessantes Material angesammelt, das in Form eines kleinen Museums der Öffentlichkeit bekanntgemacht wird. Zunächst dienten zwei ausrangierte Wagen der Stubaitalbahn als Museumsräume, ab Sommer 1989 hat das Museum einen eigens errichteten festen Bau. Es ist

Bisher war das Museum in zwei ausrangierten, dafür hergerichteten Wagen untergebracht.

täglich geöffnet, «die Öffnungszeiten werden sich einspielen», Eintrittsgeld wird nicht erhoben.
Im Gegensatz zu anderen Eisenbahnmuseen werden hier keine historischen Fahrzeuge konserviert. In diesem Sinne ist die hundertjährige Achenseebahn mit ihren hundertjährigen Fahrzeugen selbst ein Museum. Hier geht es in erster Linie um Zeitdokumente wie Fotos, Pläne, Zeitungsausschnitte, und dabei wird natürlich die Verbundenheit der Bahn mit der Landschaft und dem Tourismus deutlich. Dazu kommen Modelle, Werkzeuge und Werkstücke – das Museum ist eine Fundgrube für den Freund des Details, mehr Kulturhistorie als Technikhistorie, so weit man das heute überhaupt noch unterscheiden mag.

Localbahnmuseum Innsbruck

Träger: Verein «Tiroler Museumsbahnen»
Lage: Innsbruck, Stubaitalbahnhof, gegenüber der Basilika Wilten, Anfahrt mit Straßenbahnlinie 1, Richtung Bergisel
Auskunft: Tiroler Museumsbahnen, 6020 Innsbruck, Stubaitalbahnhof, Pater-Reinisch-Weg 4, Tel. 05 12/50 34 57

Ja, wir bewegen uns hart an der Grenze, denn es wurde festgelegt, in diesem Buch Straßenbahnmuseen nicht zu berücksichtigen. Das würde den Rahmen sprengen. In Österreich aber gibt es die «Tram», die jene Grenze souverän überspringt, und – der Firma Stern & Hafferl sei Dank – eine ganze Reihe von Straßenbahnen, die keineswegs den städtischen Verkehrsmitteln zuzurechnen sind. In diesem Sinne wird auch im Stubaitalbahnhof dokumentiert.

Vor der ehemaligen Remise der Stubaitalbahn die alten Stubaier TW 1 und TW 2 und der Sommerbeiwagen XVI der Localbahn Innsbruck – Hall in Tirol.

Die Geschichte aller Tiroler Lokal- und Straßenbahnbetriebe:

Name	Baujahr	Spurweite
Achenseebahn	1889	Schmalspur 1000 mm
Localbahn Innsbruck – Hall in Tirol	1891	Schmalspur 1000 mm
Überetscher Bahn	1898	Normalspur
Innsbrucker Mittelgebirgsbahn	1900	Schmalspur 1000 mm
Zillertalbahn	1900/02	Schmalspur 760 mm
Stubaitalbahn	1904	Schmalspur 1000 mm
LB Lana–Meran	1906	Schmalspur 1000 mm
Rittnerbahn	1907	Schmalspur 1000 mm
Taufererbahn	1908	Normalspur
Straßenbahn Meran	1908	Schmalspur 1000 mm
Straßenbahn Bozen	1909	Schmalspur 1000 mm
LB Dermulo–Fondo–Mendel	1909	Schmalspur 1000 mm
LB Trient–Malè	1909	Schmalspur 1000 mm
LB Lana–Burgstall–Oberlana	1913	Normalspur
Grödentalbahn	1915	Schmalspur 760 mm
Dolomitenbahn	1915/17	Schmalspur 950 mm
Fleimstalbahn	1917	Schmalspur 1000 mm

mit Fotos, Dokumenten, Modellen, Karten, Kleinexponaten und ergänzenden Schrifttafeln. Geöffnet ist die Schau von Mai bis Oktober samstags und sonntags von 8.30 bis 11.30 Uhr und 14.30 bis 16.30 Uhr, der Eintrittspreis beträgt für Erwachsene S 10, für Kinder die Hälfte. Führungen sind nach vorheriger Vereinbarung möglich.
Wer die Fahrzeugsammlung sehen will, sollte sich auf jeden Fall vorher anmelden. Sie befindet sich in der ehemaligen Remise der Stubaitalbahn. Hier wird die Theorie zur Praxis, deren Krönung die Sonderfahrten der Tiroler Museumsbahn innerhalb und außerhalb Innsbrucks sind.

In der Fahrzeugsammlung finden Sie drei Triebwagen (Nr. 1, 2 und 4) der Stubaitalbahn aus den Jahren 1904 und 1905, die bis zum Jahre 1983, bis zur Umstellung des Betriebs auf 800 V Gleichstrom und gleichzeitig auf moderne Triebwagen, in Dienst waren. Die Stubaitalbahn wurde 1903 als Versuchsstrecke für die Mittenwaldbahn von Ing. Riehl erbaut. Man verwendete damals Einphasen-Wechselstrom 2500 V, 42,5 Hertz. (später 3250 V, 50 Hertz), so daß wir hier die weltweit ältesten Wechselstrom-Triebwagen mit Industriefrequenz haben. Diese sind wegen der 1983 erfolgten Stromumstellung allerdings nicht einsatzfähig. Die Motoren bleiben als technische Attraktion erhalten, und man sucht nach einer geeigneten Umformungsmöglichkeit.
Weiterhin sehen wir Beiwagen und Güterwagen – alles um die Jahrhunderwende, keiner jünger als 80 Jahre –, einen Beiwagen und Güterwagen der Stubaitalbahn, Triebwagen und Beiwagen der Localbahn Innsbruck–Hall in Tirol (wobei die Nr. 16 – Sommerbeiwagen – Ihrer Aufmerksamkeit besonders empfohlen wird), und Personen- wie Güterwagen der Innsbrucker Mittelgebirgsbahn.

Tiroler Landeskundliches Museum im Zeughaus, Innsbruck

Träger:	Tiroler Landesmuseum Ferdinandeum
Lage:	Innsbruck, Zeughausgasse (etwa 10 Minuten zu Fuß vom Bahnhof entfernt)
Auskunft:	Tiroler Landesmuseum im Zeughaus, 6020 Innsbruck, Zeughausgasse, Tel. 05222/27439

Das Museum befindet sich im Zeughaus Maximilians I., einem zweistöckigen, großzügig um einen Hof angelegten Bau. Dem Besucher fällt in Hüfthöhe ein Schild in die Augen «Hochwasser 1985», aber er erfährt bald, daß der Kaiser seine Kriegs- und andere Materialien nicht in der hochwassergefährdeten Zone lagern ließ, sondern daß dieses Hochwasser – nach Jahrhunderten ohne Wassernot – durch Baumaßnahmen unserer Zeit hervorgerufen wurde.
Noch vor dem Tor draußen auf dem Rasen eine dreigekuppelte Dampflokomotive – mit bildschönem großen Schornstein – der k. k. privaten Südbahn-Gesellschaft, Baureihe 29, eingesetzt auf der Strecke über den Brenner, gebaut 1869.
Wo das Erdgeschoß eine offene Halle bildet, sind einige Fahrzeuge aufgestellt, darunter auch solche der Eisenbahn, die hier beschrieben werden sollen.
Zunächst sticht die Dampflokomotive «Raimund» der Zillertalbahn in die Augen, eine C1' (dreigekuppelt) mit der Nr. 1, 1900 gebaut von der Lokomotivfabrik Krauss & Cie. in Linz, in Betrieb bis 1967. Straßenbahnwagen und Straßenbahnbeiwagen – in Österreich verschwimmen die Begriffe. Dann eine Zahnrad-Elektrolokomotive der Lokalbahn von Bozen auf den Ritten, 1906/07, eine «B» mit einem sehenswerten, beinahe rührend altmodischen Getriebe. Straßenfahrzeuge, aber die gehören nicht zum Programm wie auch die anderen Ausstellungsstücke dieses Museums von Mineralien und dem einst blühenden Tiroler Bergbau bis zu Musikinstrumenten und Andreas Hofer und der Tiroler Landesverteidigung.

Das Museum ist in den Sommermonaten (Mai bis September) täglich von 10 bis 17 Uhr geöffnet, donnerstags auch 19 bis 21 Uhr. Führungen erfolgen nach Bedarf. Der Eintrittspreis beträgt S 20 (in Kombination mit dem Tiroler Landesmuseum Ferdinandeum S 30 – Sie sparen S 10), Ermäßigung für Kinder, Schüler, Gruppen usw., österreichische Senioren frei.
Schließlich darf ich dem Verkehrsfreund in Innsbruck den Oberleitungsbus (mit modernen Gelenkzügen) empfehlen, mit dem Sie natürlich auch den Weg vom Bahnhof bis in die Nähe des Museums zurücklegen können.

Eisenbahnmuseen in der Schweiz

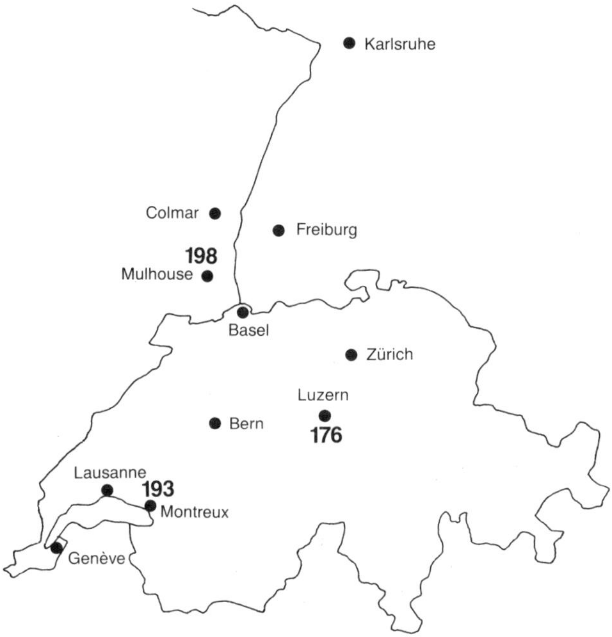

Seite	Museum
176	Verkehrshaus der Schweiz, Luzern
193	Musée vivant du chemin de fer, Chamby
	Frankreich
198	Musée Français du Chemin de Fer, Mulhouse (Französisches Eisenbahnmuseum)

Verkehrshaus der Schweiz, Luzern

Träger: Verein «Verkehrshaus der Schweiz»
Lage: Luzern, am Seeufer Richtung Küssnacht, ausgeschildert
Auskunft: Verkehrshaus der Schweiz, 6006 Luzern, Lidostraße 5, Tel. 041/31 44 44

Das Verkehrshaus ist das größte und vielseitigste Verkehrsmuseum Europas. Es ist das Schweizer Museum mit den meisten Besuchern (etwa 600 000 im Jahr). Und es ist ein privates Museum, das sich von Eintrittsgeldern und Beiträgen sowie Spenden der Mitglieder unterhält. Daneben – um den Reigen der Superlative und Besonderheiten zu beschließen – ist es sicherlich eines der Museen mit der schönsten Lage – am Ufer des Vierwaldstättersees.
Das Verkehrshaus der Schweiz ist das ganze Jahr hindurch täglich geöffnet (außer 25. und 26. Dezember), vom März bis Oktober 9 bis 18 Uhr, vom November bis Februar 10 bis 16 Uhr. Der Eintrittspreis beträgt für Erwachsene Fr. 12, Ermäßigungen für Kinder, Jugendliche, Studenten, Gruppen usw. Führungen – auch in Fremdsprachen – sind möglich, sollten aber vorher vereinbart werden. Ein Shop im Museum bietet u. a. eine breite Palette von Literatur an, das Restaurant lädt zu einer Verschnaufpause ein, denn die Fülle des Gezeigten ist überwältigend. Wenn Sie sich nicht wie wir auf eine Besichtigung der Abteilung Eisenbahn beschränken wollen, dann sollten Sie von vornherein mehrere Besuche einplanen.

Zur Eisenbahn gleich links hinter dem Eingang. Es beginnt der Historie entsprechend mit einer hölzernen Bergwerkslore mit Spurnagel, auf Holzbalken als Schienen. Auf der linken Seite ein liebenswerter Zwerg, die Lokomotive «Waldenburg» der nur 13 km langen Waldenburgerbahn, der einzigen öffentlichen Schweizer 750-mm-Bahn, dreigekuppelte Tenderlok, Baujahr 1912, 122 PS, 25 km/h – bis 1953 in Betrieb gewesen.

Bevor es in die Hallen geht – der Vorraum gehört den Modellen: Spanisch-Brötli-Bahn, 1847; Bödelibahn (mit zweistöckigen Personenwagen), 1874; Gotthardbahn mit Dampflokomotive A 3/5 und einem Schnellzug aus drei- bis vierachsigen Personenwagen, um 1914; Städteleichtschnellzug mit Elektrolokomotive Re $4/4^{I}$ und den ersten Leichtstahlpersonenwagen, 1947. – Gleich nebenan die große Modellbahnanlage, der Gotthard-Nordrampe nachempfunden (wir freuen uns, die Kirche von Wassen wiederzuerkennen und die sie umgebenden Brükken), Gelegenheit «zur Mitfahrt» im Führerstand der 10 101 – da bringen uns die Modelle verschiedener Abteile von Personenwagen wieder auf den Pfad der Eisenbahngeschichte und leiten uns in die Hallen, wo zunächst eine aufgeschnittene Dampflok unsere Blicke auf sich zieht.

Die «Mitfahrt auf dem Führerstand der 10 101» ist für klein und groß immer wieder ein Erlebnis – wenn auch nur simuliert.

Dort kann man sich zu Beginn des Rundgangs durch die Hallen über die technischen Grundlagen unterrichten. Besonders gut, denn die «Berglokomotive» 1063 der Brünigbahn von 1909 fährt sowohl mit Adhäsions- als auch Zahnstangenbetrieb (System Riggenbach) und zeigt somit das Besondere, das dieses Museum auch für den Nichtschweizer so interessant macht. Die 3/3-Naßdampflokomotive hat je zwei Zylinder für die beiden Antriebsarten, Hochdruck für den Reibungs-, Niederdruck nach dem Verbundsystem für den Zahnradantrieb. Bei ausschließlichem Adhäsionsbetrieb entwich der Dampf aus dem Hochdruckzylinder. Mit 400 PS fuhr man 45 km/h ohne, 16 km/h auf der Zahnstange. Die Lokomotive war bis 1957 in Betrieb.

Demonstrationslok: Berglokomotive für gemischten Adhäsions- und Zahnstangenbetrieb der Brünigbahn. Meterspur-Tenderlokomotive 3/3, Baujahr 1909, 400 PS, Höchstgeschwindigkeit 45 km/h, auf der Zahnstange 16 km/h. Getrenntes Triebwerk: Je zwei Zylinder für das Reibungs- und das Zahnstangentriebwerk.

Der Blick in die erste Fahrzeughalle macht etwas ratlos. Der Besucher sieht das gewohnte System zeitlicher Reihenfolge oder der Trennung nach Traktions- und Bauarten nicht eingehalten. Die Antwort ist einfach: Das Verkehrshaus ist ein lebendes Museum, ständig wird etwas rangiert, abgeholt (zu Sonderveranstaltungen zum Beispiel) oder gebracht. Und überhaupt soll das alles ganz anders werden, in den Hallen wie im Vorraum, wenn demnächst die neue IMAX-Film-Vorführ-Anlage mit Großleinwand 25 x 19 m in einem extra dafür zu errichtenden Bau entsteht. In dieser Situation bleibt uns nichts anderes übrig, als Ihnen in einer logisch-historischen Reihenfolge die wesentlichen Exponate vorzustellen und Ihnen zuzumuten, kreuz und quer durch die drei Fahrzeughallen zu wandern, wollen Sie die Betrachtung in dieser «richtigen» Reihenfolge vornehmen.
Natürlich beginnt alles mit der Spanisch-Brötli-Bahn von 1847, die wir hier mit Teilen ihres Zuges als Nachbau sehen. Es überrascht die Freude an Farben, die zumindest teilweise heute wieder im Eisenbahnbetrieb Einzug hält. Nun hieße es Eulen nach Athen oder Spanisch Brötli nach Baden tragen, wollte ich hier die Geschichte der ersten Schweizer Eisenbahn und die ihres Namens referieren. Nur wenige technische Daten zum Vergleich: Die «Limmat», 2'A von Kessler, Karlsruhe, war/ist mit Tender 35,5 t schwer und 40 km/h schnell bei etwa 170 PS Leistung. Ihre Zugkraft war durch nur eine Treibachse hinter dem vorderen Drehgestell mit 11 t Reibungsgewicht begrenzt. Der Lokomotivführer stand frei im Fahrtwind, nur durch ein Gitter geschützt. Schlimm für ihn bei schlechtem Wetter, gut für die heutigen Beschauer, die so ungehindert einen Blick auf alle Bedienungsarmaturen werfen können.
Original ist der Gepäckwagen, ältester erhaltener Schweizer Eisenbahnwagen von 1857. Die übrigen Wagen des historischen Zuges sind Nachbauten, ob geschlossen und gepolstert für die oberen oder offen und mit einfachen Holzbänken versehen für die unteren Klassen (die dritte mit 20 Sitzplätzen und 30 Stehplätzen).
Die älteste Originallokomotive der Schweiz ist die Engerth-Stütztenderlok «Genf» der Schweizerischen Centralbahn aus

Die Spanisch-Brötli-Bahn, erster Zug der Schweiz. Die Lokomotive «Limmat» von 1847 (Rekonstruktion), 170 PS, 40 km/h, 35,5 t, mit einem rekonstruierten Personenwagen und einem Originalpackwagen von 1857.

«Genf», die älteste erhaltene Dampflokomotive der Schweiz, Stütztenderlok des Systems Engerth B3' Typ 2/5 Nr. 28 der Schweizerischen Zentralbahn, 1858. Links ein «Komfortwagen» vom Gotthard, rechts die «2965» aus der Reihe der schwersten und leistungsfähigsten Schweizer Dampflokomotiven für den Güterzugdienst.

dem Jahre 1858. Das Besondere dieser Konstruktion ist ein Tender, dessen vorderer Teil die Feuerbüchse der Lokomotive umfaßt und dessen vorderste Achse diese abstützt, so daß der Führerstand ein Teil des durch einen Kugelzapfen mit der Lokomotive verbundenen Tenders ist. Die Wasservorräte sind der Lokomotive zugeordnet und erhöhen dort die Reibung (die allerdings nachläßt, wenn die Vorräte zur Neige gehen und dann Vorspann verlangt). Die Engerth-Lokomotive ist eine österreichische Erfindung. Gebaut wurden die Lokomotiven bei Kessler in Eßlingen, und man setzte sie zunächst am Semmering, der ersten großen Gebirgsbahn, ein, wegen ihrer angeblich überaus großen Zugkraft kombiniert mit Kurvenfreudigkeit, die sich daraus ergeben sollte, daß man die gekuppelten Treibachsen des Lokomotivteils mit denen des Tenders verband. Doch stellte sich das bald als eine vergebliche Hoffnung heraus. Ob mit Zahnradkombinationen oder mit Kette – die Übertragung der Kraft auf den sich nach eigenen Gesetzen bewegenden Tender klappte nicht, so daß man davon abkam und die Achsen der Lokomotive, hier zwei, als einzige Antriebsachsen beibehielt. Dadurch waren die Engerth-Lokomotiven den Schlepptenderlokomotiven unterlegen – einige wurden auch umgebaut. Unerfindlich ist dem Berichterstatter allerdings, warum insgesamt 607 Engerth-Loks in Dienst gestellt wurden. Es gibt nur eine Erklärung: Der Fabrikant muß eine gute Lobby gehabt haben. Die «Genf» führte den Eröffnungszug durch den Hauensteintunnel und blieb dort, bis sie ins Flachland abgeschoben wurde. Kurz noch die Daten: Länge 10,94 m, Dienst-/Reibungsmasse 45/28 t, Leistung 400 PS, Höchstgeschwindigkeit 60 km/h.
1873 wurde die hier aufgestellte Zahnrad-Tenderlokomotive Nr. 7 für die Vitznau-Rigi-Bahn in Dienst gestellt, die Bahn selbst war schon 1871 mit den Lokomotiven 1 bis 6 eröffnet worden. Es war die erste Zahnradbahn, die nach dem System Riggenbach vom Erfinder selbst gebaut wurde. Die beiden Achsen der Lokomotive dienen nur der Führung. Der Antrieb erfolgt ausschließlich durch das Zahnrad. Die wegen der unterschiedlichen Neigung der Strecke stehend gebauten Kessel bewährten sich nicht und wurden durch liegende Kessel ersetzt.

In Luzern kein Modell, sondern das Original: Erste Lokomotive der Vitznau-Rigi-Bahn von Niklaus Riggenbach, mit – zurückgebautem – stehendem Kessel, 1871.

Das Ausstellungsstück ist in den alten Zustand zurückversetzt worden, allerdings ist der stehende Kessel eine Attrappe. Die Lokomotive hatte eine Kraft von 150 PS.

Aus dem Jahre 1881 stammt die Tenderlokomotive «Langnau» der damaligen Emmental-Eisenbahn, Nr. 229 der Lokomotiv- und Maschinenfabrik Winterthur, mit hohem Schornstein, eine Universallokomotive für den Dienst auf Nebenstrecken, 280 PS, Höchstgeschwindigkeit 50 km/h, 30,6 t.

Als der Gotthardtunnel zwar fertiggestellt war, die Gotthardbahn aber noch nicht eröffnet, weil die Rampen noch nicht befahrbar waren, wurden (vom 1. Januar bis 31. Mai 1882) die per Postkutsche angereisten Passagiere und mit Postwagen herangekarrten Briefe und Pakete schon per Bahn durch den Tunnel befördert, und zwar mit der B-Lokomotive, die wir ebenfalls

Auch eine Gotthardlokomotive. Sie erledigte die Postbeförderung durch den bereits durchgebrochenen Tunnel bis zur Fertigstellung der Rampen und Aufnahme des durchgehenden Betriebes. Dahinter die schwerste Schweizer Güterzugdampflok C 5/6.

Die verschiedenen Systeme des Zahnradantriebes von Riggenbach (hinten) bis Locher (vorn).

im Verkehrshaus sehen. Das war 1868. Die Lokomotive trug die Nr. 11 der Gotthardbahn und kam mit 75 PS aus.
Von der steilsten Zahnradbahn der Welt, der Pilatusbahn bei Luzern, stammt der 1889 in Dienst gestellte Dampftriebwagen nach System Locher. Zwei waagerecht liegende Zahnräder umfassen eine Zahnstange, wodurch Vorkehrungen gegen ein Aufklettern auch bei der Steigung von 48% möglich sind. Der Wagen hat eine Spurweite von 800 mm, zwei Laufachsen, er ist 10,3 m lang und 9,3 t schwer. Er hat 32 Sitzplätze und bei einer Leistung von 104 PS eine Höchstgeschwindigkeit von 4,5 km/h. Die kleine quer liegende Dampfmaschine arbeitete mit Heißdampf, der Dampftriebwagen war bis 1936 in Betrieb, wurde dann bis 1981 als Reserve und für Fahrdrahtarbeiten betriebsbereit gehalten.
Das älteste normalspurige Elektro-Triebfahrzeug der Schweiz ist ein zweiachsiger Triebwagen mit offenen Plattformen und Gepäckabteil der Orbe-Charvonay-Bahn von 1894. Er war 30 km/h schnell.

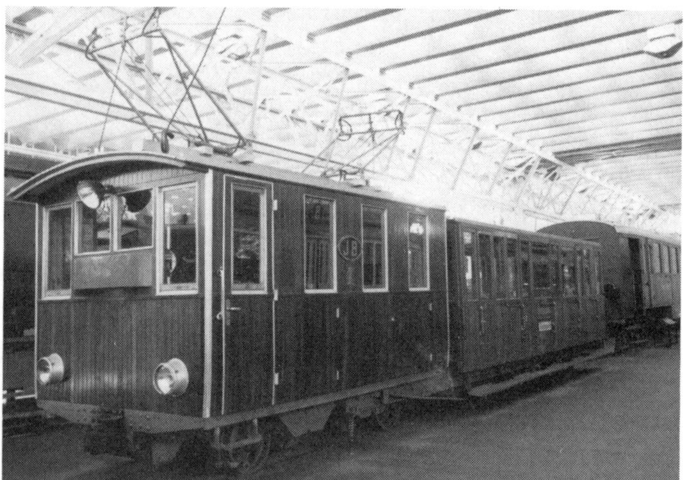

Der Rowanzug der Jungfraubahn, adrett wie die gute alte Zeit, technisch auf der Höhe wie ein moderner Sattelschlepper.

Als 1898 das erste Teilstück der Jungfraubahn von der Kleinen Scheidegg bis zur Station Eigergletscher eingeweiht wurde, war es auch der Tag des Rowanzuges, den wir im Verkehrshaus sehen. Die fast vollständig im Berg verlaufende Strecke wurde gleich für elektrische Traktion angelegt, der Zeit entsprechend für dreiphasigen Wechselstrom (Drehstrom), der eine gleichbleibende Geschwindigkeit voraussetzte. Das waren damals 8,3 km/h, seit 1951 umschaltbar auf 18 km/h. Die Anlage der Zahnstange erfolgte als Keilkopfzahnstange nach dem System Strub, was den Einbau einer Zange ermöglichte, die unter den konischen Kopf der Zahnstange greift und das Aufsteigen des Treibzahnrades verhindert. Der schmucke naturholzverkleidete Rowanzug funktioniert nach dem Prinzip des modernen Sattelschleppers. Der aufliegende Anhänger erhöht das Gewicht des Motorwagens, hier ein Gebot der Sicherheit. Lok und Wagen sind zusammen 11,6 m lang, sie wiegen 13,5 und 4,3 t, die Leistung ist 240 PS.
Im gleichen Jahre 1898 wurde bei der damaligen Stansstad-Engelberg-Bahn die erste kombinierte elektrische Zahnrad- und Adhäsionslokomotive in Meterspur in Dienst gestellt, B, Drehstrom, nur 4,25 m lang, wahlweise 5 oder 11,5 km/h schnell.
Die älteste elektrische normalspurige Vollbahnlokomotive Europas ist die 1899 bei der damaligen Burgdorf-Thun-Bahn in Dienst gestellte Lokomotive B, Typ De 2/2. Eine Drehstromlokomotive (750 Volt) mit geteilten Stromabnehmern und zwei riesigen Motoren auf einer gemeinsamen Welle, die beide Achsen über Stangen antrieb. Die Lokomotive war für zwei Geschwindigkeiten eingerichtet, 18 km/h für den Güterzugverkehr mit einer Zugleistung von 100 t bei 25‰ Steigung, 36 km/h für den Dienst vor Personenzügen mit halber Zugkraft. Die Umschaltung erfolgte bei Stillstand. Die 7,8 m lange Lokomotive wiegt 30 t und hat eine Leistung von 300 PS.
Ein wichtiger Schritt auf dem Wege zu zuverlässigem und rentablem elektrischen Antrieb von Streckenlokomotiven war die Versuchslokomotive B'B', Typ Ce 4/4 Nr. 1 der SBB aus dem Jahre 1904. Nach einer entsprechenden deutschen Konstruktion aus dem Jahre 1903 hielt damit der Einphasen-Wechselstrom auch in der Schweiz Einzug. Die wie eine Rangierlok ge-

Güterzuglokomotive der Burgdorf-Thun-Bahn, 1899, erste elektrische normalspurige Vollbahnlokomotive in Europa, Drehstrom, mit geteiltem Stromabnehmer.

baute Maschine («Eva» – die erste) verkehrte auf der Strecke Seebach–Wettingen. Gegenüber dem bisher üblichen Gleichstrombetrieb, der sich im Stadtbahn- und Vorortverkehr bewährt hatte, war der Wechselstrom einfacher über längere Strecken zu transportieren, der Einphasen-Wechselstrom verlangte im Gegensatz zum Drehstrom auch nur eine einfache Fahrleitung. Die Lokomotive hat zwei Fahrmotoren, die über Stangenantrieb jeweils die beiden Achsen eines Drehgestells antreiben. Länge 9,5 m, Gewicht 40 t, Leistung 400 PS bei 60 km Höchstgeschwindigkeit. Eine zweite Versuchslokomotive, «Marianne», mit ähnlichen Daten, aber viereckigem Kastenaufbau, fuhr nach Abbruch des Versuchsverkehrs und mancherlei anderen Aufgaben bis 1964 auf der Sensetalbahn.

Als «Dampflokomotive für elegante Schnellzüge» wird die Schlepptenderlokomotive A 3/5 Nr. 705 von 1904 bezeichnet. Sie wurde für die Jura-Simplon-Bahn gebaut und hatte «nur» 1250 PS. Die SBB ließ den Typ nachbauen und verwendete ihn gern und lange Jahre hindurch im Mittelland.
Aus dem Jahre 1911 stammt der meterspurige Triebwagen für Zahnrad- und Adhäsionsbetrieb der Altstätten-Gais-Bahn B'Ao, Type CFhe 3/3 für 1000 V Gleichstrom. Beachten Sie den Antrieb. Auf der einen Seite befindet sich ein zweiachsiges Drehgestell. Eine Achse wird angetrieben und ist wiederum über Kuppelstangen mit der zweiten verbunden. Auf deren Achse sitzt lose das von einem auf dem Drehgestellrahmen montierten Motor getriebene Zahnrad. Ein dritter Motor treibt die Einzelachse am anderen Ende des Wagens. (Hier wurde später noch ein Bremszahnrad eingebaut). Länge 10,5 m, Gewicht 24 t, Leistung 190 PS, Höchstgeschwindigkeit 30 km/h, mit Zahnradbetrieb 11 km/h.
Es spricht für die Schweizer Konstrukteure, daß sie mehrfach eine – in ihrer Zeit – stärkste Elektrolokomotive der Welt gebaut haben, so die erste in Serie gebaute 1'E1' Be 5/7 (hier Nr. 151) der BLS aus dem Jahre 1912. Die Zusammenfassung von fünf Kuppelachsen in einem Rahmen ist für eine Elektrolok schon eine Besonderheit. Man kam bald wieder davon ab und forcierte stattdessen das Drehgestell. Die Lötschbergbahn wurde von Anfang an elektrisch mit Einphasen-Wechselstrom betrieben. Man brauchte «Elefanten», die mit 27 ‰ fertig wurden, und stellte zur Eröffnung 13 Stück in Dienst. Tatsächlich beförderten diese Lokomotiven 300 t schwere Züge mit 50 km/h über die Steilrampen. Die Daten: Länge 16 m, Gewicht 107 t, zwei Fahrmotoren mit schwerem Stangenantrieb, Leistung 2500 PS, Höchstgeschwindigkeit 75 km/h.
Als Vertreter der damals viel gebauten Standseilbahnen ist der Wagen der Drahtseilbahn Marzili–Stadt Bern (Marzilibahn) zu sehen. Sie selbst wurde 1885 eröffnet, der Wagen stammt aus dem Jahre 1904, wie sein Vorgänger durch Wasserballast angetrieben, bis er 1973 in Pension geschickt und durch ein elektrisch betriebenes Fahrzeug ersetzt wurde.
Auf Umwegen kam ein Triebwagen in das Verkehrshaus, der

hier wie ein Fremdkörper – unschweizerisch – wirkt, aber doch aus der Schweiz stammt und letztendlich auch dorthin zurückkehrte. Eine kleinere Serie dieser dieselelektrischen Triebwagen 3'B', ABm 2/5, wurde 1914 von der BBC gebaut und mit Sulzer-Dieselmotoren ausgerüstet. Sie sollten in Preußen und Sachsen eingesetzt werden. Zwei kehrten aber nach dem Krieg in die Schweiz zurück und wurden von der RVT (Régional du Val-de-Travers) übernommen. Einer – Nr. 9 – steht heute als ältester dieselelektrischer Triebwagen (man nannte das damals benzolelektrisch) der Welt im Verkehrshaus. Unter der Motorhaube über dem dreiachsigen Laufdrehgestell befindet sich ein Sechszylinder-Dieselmotor mit Generator, im hinteren zweiachsigen Drehgestell sind zwei elektrische Fahrmotoren untergebracht. Der Triebwagen hat an jeder Seite einen Führerstand. Er ist 21,4 m lang, wiegt 67 t, leistet 140 PS und hat eine Höchstgeschwindigkeit von 70 km/h.

Erstmalig wurde 1916 die größte und schwerste Dampflokomotive der Schweiz gebaut, die in insgesamt 30 Stück aufgelegte Güterzug-Schlepptenderlokomotive 1'E, Typ C 5/6. Hier haben wir die Nr. 2965. Natürlich schaute man bei der Konstruktion auf den Gotthard, um die Zahl der Züge und der Schiebe- und Vorspannlokomotiven einzuschränken, aber auch an die Förderung schwerer Güterzüge im Flachland war gedacht. Der Kurvengängigkeit zuliebe wurde aus der Laufachse und der ersten Treibachse ein Helmholtz-Drehgestell. Die Heißdampf-Vierzylinder-Verbundmaschinen (das Beste, was es gab, aber enorm unterhaltsaufwendig) leisteten 1460 PS, und wogen (Elefant genannt) 128,4 t.

Als Vorgänger der «Krokodile» beschaffte die SBB 1917 – Krieg und Kohlenmangel beflügelten die Innovation – vier Probelokomotiven. Eine davon ist die 14201 im Verkehrshaus, eine (1C) (C1), Typ Ce $6/8^{I}$ mit vier Fahrmotoren von zusammen 2360 PS Leistung und 117,6 t Gewicht. Der Kasten ist noch viereckig mit kleinen Vorbauten an beiden Seiten.

1920 entstand dann die typische Form der Krokodile, auch «Gotthardkrokodile», mit denen der Verkehr am Gotthard elektrifiziert wurde. Gelenklokomotiven (1'C) (C1') mit zwei Motoren in jedem Drehgestell, die übrigens nicht ihre Zug-

Hier ist noch das unvergessene «Krokodil» zu sehen. In der Bildmitte die erste kombinierte elektrische Zahnrad- und Adhäsionslokomotive, meterspurig, für die damalige Stansstad-Engelberg-Bahn, 1898, Drehstrom, nur 4,25 m lang, umschaltbar für 5,5 und 11 km/h. Rechts die 1'Bl' mit Stangenantrieb der Rhätischen Bahn, die noch vor wenigen Jahren im Dienst zu sehen war.

kräfte auf den Führerstandkasten übertrugen, sondern untereinander kurzgekuppelt waren. Auf der 26-‰-Rampe des Gotthard mußten sie 430 t Anhängelast mit 35 km/h ziehen, später, dort von leistungsfähigeren Ae 6/6 abgelöst, waren sie lange Zeit das Rückgrat des gesamten Güterzugdienstes in der Schweiz, Sinnbild der Schweizer Lokomotive im Ausland schlechthin (im Verkehrshaus ist auch ein österreichisches «Krokodil» zu sehen). Die 13 254 ist 19,46 m lang, wiegt 126 t und leistet 3640 PS bei 75 km/Höchstgeschwindigkeit.
Gleich dahinter stand bei unserem Besuch die 12 332, eine Vertreterin der 1921 bis 1923 gebauten ersten elektrischen Serien-

Schnellzuglokomotiven für die Gotthardstrecke, (1'B) (B1'), Typ Be 4/6, 16,56 m lang, Gewicht 110,4 t, 2040 PS und eine Höchstgeschwindigkeit von 75 km/h.
1921 wurden die ersten von 15 «Universallokomotiven» Ge 6/6 I der Rhätischen Bahn beschafft, von denen man heute noch die eine oder andere im Betrieb sehen kann und eine im Verkehrshaus antrifft. Mit Stangenantrieb, zwei Motoren mit zusammen 1076 PS und einer Höchstgeschwindigkeit von 55 km/h bilden sie sozusagen die Brücke vom gestern zum heute, wirken – Meterspurloks – wie kleinere Brüder der berühmten Krokodile.
Bekanntlich bestand die Furka-Oberalp-Bahn bis vor einigen Jahren allwinters aus zwei getrennten Netzen, die Strecke über den Furkapaß lag still (es war sogar die Oberleitung und eine Brücke demontiert). Die daraus resultierende geringe Inanspruchnahme versuchte man 1927 durch die Anschaffung zweier Triebwagen auszugleichen, die während des Winters die unrentablen Dampfzüge dies- und jenseits des Passes ersetzten. Das waren kleine, für die Fahrt ohne oder mit einem Beiwagen konzipierte zweiachsige Fahrzeuge, benzinmechanische Zahnradtriebwagen mit einem Gewicht von 16,5 t, mit einem Achtzylinder-Boxer-Benzinmotor von 116 PS Leistung, der beide Achsen antrieb, mit einer Höchstgeschwindigkeit von 45 km/h beim Adhäsionsbetrieb und 20 km/h auf der Zahnstange. Die Wagen verkehrten bis 1965.
«Arbeiterpullman» nannte man die Züge der SBB mit den blau-weißen Gepäcktriebwagen, die zum Ende der 20er Jahre neu im Vorortverkehr eingesetzt wurden. Der «Übername» bezieht sich auf die Strecke Rapperswil–Zürich. Das Ausstellungsstück hat die Nr. 18 518, Bo'Bo', 965 PS, 85 km/h. Ein Teil der Wagen wurde 1966 bis 1971 mit modernen Wagenkästen versehen und ist noch bis in unsere Tage im Einsatz gewesen.
Hier steht auch ein Exemplar des legendären «Roten Pfeil», 1936, Leichttriebwagen 2'Bo', RCe 2/4. Diese Triebwagen stellten das Rezept der SBB gegen die Weltwirtschaftskrise dar – komfortabel und schnell durch geringes Gewicht, hohe Leistung und kurze Aufenthalte – Verzicht auf Gepäck- und Post-

abteil. Als sie dann von ihrer eigenen Beliebtheit überholt wurden, waren sie für mehrere Jahrzehnte die Stars der Sonder- und Gesellschaftsfahrten. Länge 22,4 m, 70 Sitzplätze in der ehemaligen 3. Klasse, Gewicht 38 t, Stundenleistung 536 PS, 125 km/h.

Aus dem Jahre 1936 stammt auch die letzte in der Schweiz in Dienst gestellte normalspurige Dampflokomotive. Man sieht es ihr gar nicht an, daß sie mit Dampf fährt. Ein viereckiger Kasten mit Fenstern wie bei Elektroloks, mit offenen Plattformen, doch da schaut ein kleiner Schornstein aus dem Dach, und die Vorderwand ziert eine runde Form. Unten dann die Zylinder, das bei Dampfloks übliche Gestänge und drei gekuppelte Achsen. Auftraggeber war die Huttwil-Wolhusen-Bahn, die eine Elektrifizierung ihrer Strecke nicht finanzieren konnte und deshalb einen Weg der Modernisierung unter Verzicht auf elektrische Traktion suchte. So kam es zu dieser Einmannlok mit halbautomatischer Feuerung. Länge 9,12 m, Gewicht 40,5 t, Leistung 600 PS, Höchstgeschwindigkeit 60 km/h.

Der einzige Elektrospeichertriebwagen der Schweiz – erbaut 1939 – verkehrte zwischen Meiringen und Innertkirchen auf der für einen Kraftwerksbau angelegten und später öffentlichen Bahnlinie. Ein Zweiachser mit 22 Sitzplätzen und 15 Stehplätzen mit je einem «Schnäuzchen» vorn und hinten für die Akkumulatoren.

Wichtig für die Schweiz sind natürlich die Schneeschleudern. Hier steht eine, 1896 nach amerikanischem Patent gebaut, am Gotthard bewährt. Sie ist sechsachsig, hat 700 PS, Dienstmasse mit Tender 87 t, und wird von einem oder mehreren Triebfahrzeugen geschoben.

Am Rande: Auch eine Mallet hat es in der Schweiz gegeben, bei der Centralbahn. Und eine italienische Drehstromlok demonstriert, wie die ersten Lokomotiven ausgesehen haben, die mit ihren riesigen geteilten Stromabnehmern durch den Simplontunnel gefahren sind.

Unter den Wagen haben mir der «Komfortwagen für die Gotthardbahn» 1875, 1. Klasse, und der Bahnpostwagen von 1894 mit offenen Plattformen und offenem Seitengang am besten gefallen.

All das wird ergänzt durch eine Fülle von dazwischen gestreuten Fahrzeugmodellen, die das nicht im Original Vorhandene ersetzen, in den meisten Fällen auch der historischen die moderne Komponente zugesellen. Modelle und Originalstücke zu Details wie Antrieb und Bremsen demonstrieren Technik. Wir waren traurig, die Ae 8/14, zu ihrer Zeit auch die stärkste Elektrolokomotive der Welt, nicht zu sehen. Aber die Ausstellung wandelt sich ständig, sie soll ab Herbst 1989 durch ihre Anwesenheit das Verkehrshaus wieder bereichern.

Speisewagen-Restaurant des Verkehrshauses der Schweiz, stilgerecht, wenn auch ortsfest.

Musée vivant du chemin de fer, Chamby

Träger: Chemin de fer touristique Blonay-Chamby
Lage: Chamby, Anfahrt mit dem Museumszug von Blonay (Bahnhof der CEV von Vevey) oder Chamby (Bahnhof der MOB von Montreux)
Auskunft: Chemin de fer touristique Blonay-Chamby, CH 1001 Lausanne, case postale 366, Tel. 021/9432121

Man beginnt im Mai und beendet die Saison Ende Oktober, gefahren wird auf 1000 mm Schmalspur elektrisch und mit Dampf an allen Samstagen, Sonntagen und am Pfingstmontag. Die Eintrittskarte zum Preis von Fr. 4.– (ab Chamby) oder Fr. 9.– (ab Blonay) schließt Hin- und Rückfahrt und Museumsbesuch ein. Das Museum im Depot Chaulin beherbergt den umfangreichen Fahrzeugpark der BC, soweit die Loks und Wagen nicht mit dem Museumszug unterwegs oder ausgeliehen sind. Die Fahrzeuge aus Chamby sind als Gäste bei Jubiläen oder anderen Eisenbahn-Festlichkeiten im In- und Ausland gern gesehen.

Von den Museumsstücken, die zum großen Teil betriebsfähig erhalten sind, wollen wir hier ausführlich die Dampflokomotiven vorstellen:

Nr. 1 «Le Doubs», G 3/3, Baujahr 1890, Fabriknummer 618 der SLM. Fuhr bis 1950 zwischen Les Brenets und Le Locle zunächst für die RdB (Régional des Brenets), ab 1947 für die CMN. Bei einer Länge von nur 5,2 m und einem Triebraddurchmesser von 750 mm wiegt der Zwerg 16 t. Die Höchstgeschwindigkeit ist 25 km/h. Eine typische Vertreterin der Loks von Klein- und Nebenbahnen, die zum Ende des 19. Jahrhunderts das Netz der Eisenbahnen enger knüpften und auch abgelegene Gebiete erschlossen.

Nr. 1 (Doppel-Numerierung) «Rhätia», G 3/4, Baujahr 1889. Dienstmasse 30 t, Höchstgeschwindigkeit 45 km/h. Erster Besitzer war die Eisenbahn Landquart – Davos, wo die «Rhätia» das Eisenbahnzeitalter in Graubünden einläutete. Vorwiegend vor Lokalzügen arbeitete sie bis 1928, kam 1970 nach langer Ruhepause zur BC und wurde dort bis 1972 wieder betriebsfähig aufgearbeitet. Die «Rhätia» trägt die Baunummer 577 der SLM; Lokomotiven dieses Typs bewährten sich nicht nur bei der Rhätischen Bahn, sondern liefen u. a. auch auf Sardinien und im Libanon.

Nr. 3, HG 3/4, Baujahr 1913, Fabriknummer 2317 der SLM, Dienstmasse 44 t, Höchstgeschwindigkeit auf der Zahnstange 20 km/h, im Adhäsionsbetrieb 45 km/h. Von den vier Zylindern wirkten je zwei auf den Zahnradantrieb und den Adhäsionsantrieb. Die Lokomotive war auf der Furka-Oberalp-Bahn im Einsatz. Es wurden 1913/14 zehn Stück dieses Typs beschafft. Nach der Elektrifizierung der Bahn 1941 verblieb sie dort zur Herrichtung der Bergstrecke in jedem Frühjahr (bis 1970).

Nr. 4, G 2/2, Baujahr 1900 (Krauss), eine «Trambahnlok» mit Verkleidung, Länge 4,55 m, Dienstmasse 10 t, Höchstgeschwindigkeit 40 km/h. Die Lok fuhr in Italien (Ferrovie Ferrara – Codigoro).

Nr. 5, G 3/3, Baujahr 1890 (SAMC, Fabriknummer 4172), Dienstmasse 24,5 t, Höchstgeschwindigkeit 25 km/h. Auftraggeber war die LEB (Lausanne – Echallens – Bercher). Die 6,83 m lange Lok fällt durch extrem kurzen Radstand auf. Die Lokomotive wurde beschafft, als wegen der Verlängerung der ältesten Schweizer Schmalspurbahn Lausanne–Echallens stärkere Zugfahrzeuge notwendig wurden. Nach Blonay kam sie von einem Spielplatz in Feldkirch/Österreich.

Nr. 6, G 3/3, wurde 1901 aus Baunummer 1341 der SLM für die Talstrecken der Brüniglinie gebaut, die bis 1903 von der JS (Jura – Simplon) betrieben wurde. Nach mancherlei Irrfahrten bis auf den Hof eines Sägewerks als Werkslok erscheint die Nr. 6 heute wieder in den alten Brünig-Farben. Die Lok ist 7,02 m lang, hat ein Dienstgewicht von 25 t und 45 km/h Höchstgeschwindigkeit.

Nr. 7 grenzt den Bestand zur Straßenbahn hin ab: eine Tramway-Lok der Tramways Mulhouse, Baujahr 1883, Fabriknum-

Eisenbahnmuseum Chamby, Blick in die Ausstellungshalle. Vorn Nr. 6, 1903 für die Talstrecken der Brünigbahn gebaut.

mer 316 der SLM. Achsfolge 2/4, Länge 5,10 m, Dienstmasse 15 t, Höchstgeschwindigkeit 25 km/h. Es handelte sich damals um eine Serie von zwölf Lokomotiven, die innerhalb der Stadt sowohl Personen- als auch Frachtverkehr unterhielten. Typisch für die Bauart ist das Dach über dem Langkessel und die Anordnung der Achsen.

Nr. 23 kommt aus Spanien, von der Nebenbahn Olot – Gerona. G 3/5, Baujahr 1923, erbaut von Maquinista Terrestre y Maritima à Barcelone, Fabriknummer 282. Die Lok ist 9,64 m lang, hat ein Gewicht von 31 t und eine Höchstgeschwindigkeit von 35 km/h. Sie ist eine Vertreterin einer neuen Generation von Dampflokomotiven, die entstand, als vergleichbare Schweizer Bahnen längst elektrifiziert waren oder wurden.

Nr. 104, G 2 x 3/3, eine «Mallet», die im Jahre 1925 von Hanomag (Nr. 10437) für die Süddeutsche Eisenbahngesellschaft (SEG) gebaut wurde und auf der Strecke Zell–Todtnau im Schwarzwald Dienst tat. Länge 11,56 m, Dienstmasse 56 t, Höchstgeschwindigkeit 30 km/h. Die Mallet-Bauart mit zwei getrennten Triebwerken, von denen das mit dem Niederdruckzylinder beweglich gelagert ist, erfreute sich großer Beliebtheit bei Bahnen mit ungünstigen Kurvenverhältnissen, erforderte aber auch einen hohen Aufwand zur Unterhaltung.
Nr. 105, ebenfalls eine Mallet der leichteren Ausführung G 2 x 2/2, wurde 1918 bei der MGK Karlsruhe für das deutsche Heer gebaut und übernahm nach Kriegsende Dienst auf der Strecke Haspe–Breckerfeld (Sauerland), kam dann 1928 auch zur SEG. Länge 9,40 m, Dienstmasse 36 t, Höchstgeschwindigkeit 35 km/h.
Nr. 332, G 3/5, erbaut 1909 als Nr. 3587 von der Société Fives, Lille, eingesetzt von der SNCF in der Bretagne. Länge 9,45 m, Dienstmasse 44 t, Höchstgeschwindigkeit 55 km/h. Die Lokomotive wurde beschafft, um den Personenverkehr auf den meterspurigen Strecken in der Bretagne zu beschleunigen. Sie ist eine Variante einer entsprechenden Normalspur-Lokomotive und deshalb mit den großen Triebrädern von 1230 mm Durchmesser eine Rarität auf der schmalen Spur.
Nr. 99193. G 5/5, Länge 8435 mm, Dienstmasse 43,5 t, Höchstgeschwindigkeit 30 km/h. Vier Lokomotiven dieser Gattung wurden 1927 von der Maschinenfabrik Eßlingen gebaut. Sie trugen die Fabriknummern 4181 bis 4184, unsere Veteranin ist die 4183. Die sehr leistungsfähigen fünfachsigen Tenderlokomotiven waren für die Strecke Nagold–Altensteig im Schwarzwald bestimmt. Das Problem der Kurvengängigkeit wurde gelöst, indem die erste, die dritte und die fünfte Achse seitenverschiebbar sind.
Lassen Sie mich noch kurz ergänzen, daß die BC darüber hinaus über drei elektrische Lokomotiven verfügt – darunter die Nr. 181 Ge 4/4, Baujahr 1916, von der Berninabahn –, fünf historische elektrische Triebwagen von teils pittoreskem Äußeren, Personen-, Gepäck- und Güterwagen, Straßenbahnen und

– als besonderen Leckerbissen für Eisenbahnfans – die Dampf-Schneeschleuder R 12 (1913) der Rhätischen Bahn.
Schließlich sollte nicht verschwiegen werden, daß Museumsbahn und Museum in einer hochgeschätzten Ferien- und Wanderlandschaft liegen, die jegliche Art von zeitlicher und räumlicher Kombination von Erholung und Museumsbesuch zu einem Vergnügen machen.
Deshalb kann ich Ihnen Blonay nur empfehlen.

Ein großer Tag: 22. Mai 1988 in Chamby.

Musée Français du Chemin de Fer, Mulhouse

(Französisches Eisenbahnmuseum)

Träger: Museumsverein
Lage: Mulhouse, die Zufahrt ist innerhalb des Stadtgebiets gut ausgeschildert. Anfahrt aus Deutschland über die BAB Karlsruhe–Basel, am Autobahndreieck Neuenburg Richtung Frankreich; aus der Schweiz über Basel (Schnellstraße, etwa 30 km)
Auskunft: Musée Français du Chemin de Fer, F 68 200 Mulhouse, 2 rue Alfred de Glehn, Tel. 89 42 25 67

Es gibt eine Reihe von Gründen, nach Mulhouse zu fahren. Der erste ist, daß es nur eine Handvoll Kilometer jenseits der Grenze ein Eisenbahnmuseum gibt, das in eine andere neue Eisenbahnwelt führt und neue Impulse gibt. Der zweite, daß man sich dort auf das deutschsprachige Publikum eingestellt hat, Sie sich also wie zu Hause fühlen können. Die übrigen Gründe haben nichts mit der Eisenbahn und dem Museum zu tun.
Das französische Eisenbahnmuseum ist eine Schau der Superlative. Das kann man mit einigen wenigen Zahlen belegen: Ausstellungshalle mit 1350 m Gleislänge auf zwölf Schienensträngen, 29 Dampflokomotiven, sechs Schienenbusse, fünf elektrische Lokomotiven, eine Diesellokomotive, 25 Waggons. Dazu das Freigelände mit vielem eisenbahntechnischem «Nebenbei» und sozusagen als Zugabe das Feuerwehrmuseum. «Dem historischen Hintergrund der Industrie und besonders der Eisenbahn in dieser oberelsässischen Gegend, der geographischen Lage der oberrheinischen Hauptstadt im Dreiländereck sowie der Initiative der Vereinsgründer verdankt Mulhouse das Privileg, das größte historische Eisenbahnmuseum des Kontinents zu haben. – Das Museum gilt als interessantestes Eisenbahnmuseum der Welt. Dieses Renommée ist auf die Authentizität, die historische Bedeutung der Kollektion und die durch die SNCF und die CIWLT ausgeführten Restaurationsarbeiten zurückzuführen.»

Das Museum ist täglich geöffnet (9 bis 18 Uhr im Sommerhalbjahr – April bis September; 9 bis 17 Uhr im Winterhalbjahr). Nicht geöffnet am 1. Januar, 25. und 26. Dezember. Der Eintrittspreis einschließlich Feuerwehrmuseum beträgt FF. 28, für Kinder FF. 12, Gruppen von mehr als 10 Personen erhalten Ermäßigung (FF. 20). Auf dem Museumsgelände befinden sich ein Restaurant und eine Caféteria (montags geschlossen).

Sicherlich, das Empfangsgebäude mit mancherlei Vitrinen und Modellen, mit Kiosk und einer respektablen Modelleisenbahnanlage beeindruckt – wir werden darauf zurückkommen –, aber das eigentliche Museum ist die 13 000 qm große Halle, die wir über einen halboffenen Gang (rechts das Freigelände) erreichen. Da kann ich Ihnen gleich einen Tip geben, wie Sie Ihre Besichtigung gut organisieren und auf die obligatorische Erholungs- oder Stärkungspause in der Gastronomie abstimmen: Erklimmen Sie die Galerie an der linken Seite der Halle. Ganz abgesehen davon, daß dort zeitlich begrenzte Sonderausstellungen zu sehen sind, haben Sie von oben einen guten Überblick über die gesamte Ausstellungsfläche und können dort die nähere Betrachtung der Objekte planen. An den Hallenwänden und zwischen den Gleisen auf den «Bahnsteigen» finden Sie viele sehenswerte kleinere Schaustücke. So gleich rechts Vitrinen mit Geräten zur Landvermessung, Lokomotiv- und Wagen-Modelle, Bahnhofsuhren, Bänke, Warenautomaten und Fahrkartenautomaten, einen Automaten zur Entwertung von Fahrkarten, mit dem Sie auch Ihre Museums-Eintrittskarte markieren können, Einzelteile von Antrieb und Steuerung, Draisinen verschiedener Bauart und beinahe tausend andere Sachen. Sie können sich dabei etwa an die folgende Einteilung halten:

Gleis 1 bis 4 Dampflokomotiven
Gleis 5 besondere Personenwagen
Gleis 6 Triebwagen
Gleis 7 Schaustücke zu Napoleon III. und Charles de Gaulle
Gleis 8 Verschiedenes
Gleis 9 Militäreisenbahn
Gleis 10 und 11 Elektrische Zugförderung
Gleis 12 Gütertransport.

Nun will ich Ihnen noch eine Reihe von Ausstellungsstücken besonders vorstellen.
Natürlich stehen am Beginn der Eisenbahn auch in Frankreich Engländer. Sie waren nun einmal die Pioniere, auf sie geht die Spurweite und das Linksfahren zurück. Das Museum hat demnach zwei Lokomotiven, die, dem Zug der damaligen Zeit folgend, «Engländer» sind, nämlich die «Aigle» (Adler) der ehemaligen Eisenbahngesellschaft Avignon – Marseille aus dem Jahre 1846 und die «Sézanne» von 1847. Das älteste Exponat aber ist die «Buddicom», 1844, erbaut in Frankreich von einem englischen Ingenieur namens William Barber Buddicom. Sie ist die älteste Original-Lokomotive auf dem europäischen Kontinent. Die Lokomotive wurde in der Nähe von Rouen gebaut und trägt den Namen «St. Pierre». Sie war Teil einer 40 Maschinen umfassenden Serie und förderte beinahe 70 Jahre lang Reisezüge auf der Strecke Rouen – Paris, dazu gehörte die Versorgung der Hauptstadt mit frischen Fischen aus Dieppe. Die «Buddicom» mit der Achsfolge 1A1 hat die hintere Laufachse hinter der Feuerbüche angeordnet (im Gegensatz zu Stephen-

Crampton Nr. 80, «Le Continent», Baujahr 1852. Die Lokomotive mit der charakteristischen großen Treibachse hinter dem Stehkessel fuhr Schnellzüge zwischen Paris und Straßbourg.

sons «Langkesselmaschinen»), die Steuerung kennt nur drei Stellungen: vorwärts, rückwärts und Leerlauf, die Bremse wirkt auf hölzerne Bremsklötze am Tender. Übrigens wurde dieser nicht erhalten und ist rekonstruiert. Die Daten: Länge 6,48 m, Durchmesser der Triebräder 1720 mm, der Laufräder 1100 mm, Dienstmasse 17 t, Reibungsmasse 6,3 t, Höchstgeschwindigkeit 60 km/h. Die Oberfläche des Rostes ist 0,9 m² groß.
Schauen wir uns dazu die wichtigsten Daten der (etwas älteren) beiden Engländer an. Die «Aigle» (gleich in der Eingangshalle zu sehen, neben einem Laufrad – es ist drachenähnlich mit Kopf und Schwanz geschmückt und bildet den Anfang der Ausstellung) wurde in der Werkstatt von Stephenson in Newcastle gebaut, die «Sézanne» nach englischen Plänen in der Werkstatt von Alfred Halette in Arras. Im Vergleich fällt nicht nur die liebevolle Durcharbeitung aller Details an der englischen Maschine auf. Wesentlicher erscheint uns das hier dokumentierte Unvermögen des französischen Unternehmens, die Radkörper in einem Stück zu gießen. Sie mußten aus mehreren Teilen zusammengenietet werden.

	Aigle	Sézanne
Länge	7,03 m	7,12 m
Treibräder	1700 mm	1690 mm
Dienstmasse	22,1 t	20,1 t

Beide Lokomotiven hatten eine Leistung von 300 PS und eine Höchstgeschwindigkeit von 60 km/h.
Nahe dem Eingang in die große Halle auch eine 230 der nordfranzösischen Gesellschaft, 1908 von Krauss-Maffei gebaut,

und eine «Engerth»-Stütztenderlok der Maschinenfabrik Emil Kessler, Eßlingen, 1856, mit drei gekuppelten Treibachsen. Allerdings vermißt der kritische Beschauer die Kraftübertragung zu den Achsen des Tenders (die eigentliche Idee dieser Konstruktion).
Die «französische Linie» im Lokomotivbau ist bei den weiteren Dampflokomotiven zu erkennen. Die typische französische Lokomotive ist eine Verbundlokomotive mit hohem Kesseldruck, technisch hoch gezüchtet mit hohem Wartungsaufwand, zur optimalen Ausnutzung des Brennstoffs konstruiert, denn die französische Kohle war durchweg nicht zur Verbrennung unter

Blick in die Ausstellungshalle, Gleis 1. Vorne rechts die Lokomotive 2670 Nord, Baujahr 1904, Bauart 221. Die Lokomotive von de Glehn und du Bousquet war die erste «Atlantic» in Frankreich und wurde in viele Länder exportiert.

dem Lokomotivkessel geeignet, so daß die Eisenbahnunternehmen Kohle einführen mußten und zu diesem Zweck eine ganze Flotte von Kohlenschiffen bauten. (Die «Sézanne» wurde schon 1868 probeweise mit einer Heizölfeuerung ausgestattet.)

Solch eine Lokomotive ist die «701 Nord», eine 2'B aus dem Jahre 1885 (einige, wie die Ausstellungsmaschine, wurden später zur 2'C umgebaut) mit dem Verbund-System, je zwei Hochdruckzylindern im Rahmen und zwei Niederdruckzylindern außen. Beide Systeme wurden unabhängig voneinander reguliert. Die beiden Treibachsen sind nicht miteinander gekuppelt, was ständige Aufmerksamkeit und Feinarbeit vom Lokomotivführer verlangte. Die Lokomotiven wurden mit mehr als 140 Stück von verschiedenen Regionalgesellschaften gefahren.

Als weitere Entwicklung folgten logisch die 221 «Atlantic» mit zusätzlicher Laufachse und Überhitzer und die Vergrößerung der Zahl der Treibachsen zur 230 «Ten Wheel» und 231 «Pacific», die beide auf Gleis 2 zu sehen sind.

Nach all dieser ehrfurchtgebietenden Modernität wirkt die beinahe skurrile 1423 von 1884 wie eine Erholung. Sie fuhr auf der Strecke Paris – Lyon, eine Dreikuppler «Bourbonnais» von 545 PS Leistung, mit halboffenem Führerstand mit «Bullaugen» in einem Wandschirm, hinter den sich die frierenden Lokomotivführer und Heizer duckten, für Güterzüge und gemischte Züge mit einer Höchstgeschwindigkeit von 55 km/h.

Keine Erörterung französischer Dampflokomotiven ohne die Erwähnung des genialen André Chapelon. Er begegnet uns hier mit seinen bis in das letzte Detail optimierten Lokomotivkonstruktionen, so der «Pacific» 231 der Serie 4500 auf Gleis 4, die sich im prinzeßgrauen Kleid der P.O. präsentiert, und der «Pacific» der Serie 3500 der Nord Nr. 3.1192 aus dem Jahre 1936, die Sie übrigens auch von unten betrachten können. Auf dem Nebengleis die aufgeschnittene «Baltic» 3.1102 aus dem Jahre 1911. Dazu im Modell 1:10 die 240, 2400 PS.

Dazu kommen Vorführungen mit drehenden Rädern und ohrenbetäubend-originalem Lautsprechergeräusch: 232 U1 von Marc de Caso, 1949, Gewicht 213,4 t einschließlich Tender, 3000 PS, ein Prototyp aus dem Jahre 1949, und letzter Höhepunkt des Dampflokbaus. – Schließlich mit goldenem Kessel die 340 P.O. aus dem Jahre 1882, Bauart 1B1, 2 m hohe Treibräder und eine Geschwindigkeit von 100 km/h bei lediglich 715 PS.

Ein besonderes Kapitel französischer Eisenbahngeschichte ist die 141 R, von der in den Jahren 1945 bis 1947 1340 Stück aus den USA und Kanada im Rahmen des Pacht- und Leihgesetzes geliefert wurden (man erkennt die US-Bauweise an den mit runden Löchern versehenen Treibrädern). Die 141 R ist eine universell einsetzbare Lokomotive einfacher Konstruktion, die das Bild der französischen Eisenbahnen nach dem Zweiten Weltkrieg weitgehend beherrschte. Teils kohlen-, teils ölgefeuert, teils von einem auf das andere umgebaut. Sie leitete insofern eine kleine Revolution im Eisenbahnwesen ein, als sie zum Betrieb in «Wechselschicht» geeignet war, die starke Bindung des französischen Lokpersonals an «ihre» Maschine also auflöste. 17 dieser Maschinen versanken auf dem Weg aus den USA beim Schiffbruch der «Belpamela».

Es ist schlechterdings unmöglich, alle hier zusammengestellten Dampflokomotiven zu beschreiben, den Berichterstatter beeindruckte zum Beispiel besonders die 2D2-Tenderlok von 1927 für Vorort- und Nahverkehr bei der P.L.M., 95 km/h, 1650 PS, und die Crampton (2'A) von 1852. Aber es soll ja auch noch einige Überraschungen für Sie geben, wenn Sie nach Mulhouse kommen.

Auf dem Bahnsteig eine «Bisselachse» (wo war so etwas schon einmal im Original zu sehen?), auf dem Gleis eine – aufgeschnittene – Schneeschleuder aus dem Jahre 1908. Die schwerste Dampflok mit 4000 PS ist die 241 P 16, eins der leichtesten Fahrzeuge der Eisenbahn-Segler.

Auf dem nächsten Gleis ein Hauch der großen Zeit der großen Züge, aber auch der «Adjutantenwagen» des Zugs Napoleons III. aus dem Jahre 1856. Der ganze Zug umfaßte sechs Wagen. Schließlich alte Personenwagen. Ein uralter Packwagen mit Hundeabteil; noch der Postkutsche nachempfunden – drei solcher Abteile erster Klasse auf einem Fahrgestell – um 1850. Das Ganze nur 6,61 m lang. Zwei doppelstöckige Fahrzeuge, eins mit offenem, eins mit geschlossenem Oberstock, beide für den

Eine aufgeschnittene Dampflok ist immer wie ein Abenteuer: die Baltic

Nr. 3-1102 Nord.

Pariser Vorortverkehr. Gebaut wurden solche Fahrzeuge ab 1882 und sie liefen bis 1946.
Der erste der Triebwagen, hier Autorails genannt, ist ganz einfach ein zweiachsiger Reisezugwagen mit einem angebauten Motor, ein Vierzylinder-Benzinmotor, dessen 80 PS durch ein mechanisches Getriebe auf die Treibachse übertragen wurden.
Für den Nicht-Franzosen sind die Michelin-Triebwagen von besonderem Interesse. Ein fünfachsiges Drehgestell mit Luftreifen hatten wir bereits auf einem der Lok-Bahnsteige gesehen. Es gab 23 verschiedene «Micheline», ein Wagen vom Typ 22 (1936) mit zwei Triebdrehgestellen und einem 250-PS-Benzinmotor (ein Zwölfzylinder von Hispano-Suiza) ist ausgestellt. Auch Renault und Bugatti haben Schienenbusse gebaut, und allen ist anzusehen, daß sie auf dem Reißbrett eines Automobilherstellers entworfen wurden. Von Bugatti ist der «Présidentiel» zu sehen (ZZ Y 24 408 Etat, der Wagen entstand aus dem Bestreben, unverkäufliche, für den Bau von Kraftwagen vorgesehene Motoren zu verwenden). Immerhin wurde der Wagen mit 196 km/h 1937 Inhaber des Geschwindigkeits-Weltrekordes für Triebwagen mit Benzinmotor.
Als besonders anschaulich wird empfunden, daß der historische Postwagen auch von innen besichtigt werden kann. Ein großes Paketabteil mit Ablageborden, ein kleineres Briefabteil mit Sortierregalen und Sackhaltevorrichtungen zum «Abwerfen» der Briefpost, mit Arbeitstischen, die zum Teil während der Fahrt vor die Türen geklappt werden können, mit abschließbarem Wertbrief-Fach und wenigen kleinen Fenstern, um die Fläche der Sortierfächer möglichst groß zu halten. Für das Licht im Bahnpostwagen war das Oberlicht gut ausgebildet, und Lampen rundum für die Nachtfahrt. Dazu ein Ofen; mit klammen Fingern ist nicht gut sortieren.
Ein Güterwagen, an dem die Isolierung von Kühlwagen demonstriert wird, ein vierachsiger Güterwagen mit offenem Bremserhaus, der daran erinnert, daß Bremser im Schneesturm auf ihrem Sitz erfroren sind . . .

Nur eine Diesellok gibt es im Museum; Lokomotiven dieser Bauart sind noch nicht «museumsreif». Man erkennt daran die

Philosophie des Hauses, Rollmaterial erst dann zu archivieren, wenn es draußen ausgemustert worden ist.
Unter den Elektroloks die E 1 aus dem Jahr 1900 und mit großem Abstand eine Doppellok für den Güterzugverkehr auf der Strecke Chambery – Modena (1927), auf schwieriger Bergstrecke, mit einer Länge von 20,58 m, 129 t Gewicht und 2580 PS Stundenleistung. Die Stromaufnahme erfolgt über eine dritte seitlich angebrachte Schiene.
Faszinierend die blaue CC 14018, eine «Monocabine» Güterzuglok mit sechs Asynchron-Motoren, und als Höhepunkt dieser Abteilung die Weltrekord-Lok BB 9004, am 22. März 1955 331 km/h schnell. Das dazu angebrachte Schutzgitter vor der Windschutzscheibe ist noch vorhanden. Der Besucher kann die Lokomotive auch innen besichtigen. Noch eine «aufgeschnittene» 2'D2' für den Fan technischer Details.

CC 14018 – Güterzuglok, 1955 Schwerste «Monocabine» mit sechs Asynchron-Motoren.

Auf die Kanalfähren muß noch eingegangen werden, aber das ist ein Unterkapitel des Güterverkehrs, der mangelnder optischer Attraktivität halber immer am Schluß steht. Den Ruf des Landes bekräftigt ein Doppel-Faß-Wagen für Wein mit 2 x 72 hl Fassungsvermögen.

Versäumen Sie auf dem Weg nach draußen nicht die Kabinette unter der Galerie: Eisenbahn und Kunst, Eisenbahn und Souvenir, Erlesenes und Skurriles. Sehr schöne alte Modelleisenbahnen mit Uhrwerk und frühe elektrische bis zu den neuesten und anspruchsvollsten Modellen. Schließlich zum Abschied das Modell eines Panzerzuges und – für mich nur logisch – nach dem System vorher/nachher der Verwundeten-Transportwagen.

Für das Freigelände wünsche ich Ihnen gutes Wetter, damit Sie die ganze Fülle des Eisenbahnbau-Materials ansehen können, Schienen und Schwellen, Weichen, Drehscheiben, und eine schöne Sammlung von Signalen. All das ist bei einem Besuch gar nicht zu erfassen. Dagegen gibt es nur die Möglichkeit, bald wiederzukommen.

Fotoverzeichnis

Die Mehrzahl der Bilder wurde von den besprochenen Museen zur Verfügung gestellt, wofür wir herzlich danken. An Fotografen sind zu nennen:

Jean Asshauer 49, 50, 51, 52
E. Babsek 129, 132/133
René Willy Biétry 195
Achim Brüggemann 37, 39
Albert Ditterich 169
Ralf Höhne 111
Regine Köster 21, 22
Wolfgang Löckel 74/75
Otto Morneburg 115
W. Rauschkolb 54
Manfred Schreiner 62/63
Kurt Tatzel 34/35
Adalbert Zronek 147

Register

Weitere Bücher von Rolf L. Temming:

Museumsbahnen
Deutschland – Österreich – Schweiz
256 Seiten mit einfarbigen Abbildungen und Karten
Neben der modernen Bahntechnik sind es die Nostalgiebahnen, die sich zunehmender Beliebtheit erfreuen. Mit großem Aufwand werden Rollmaterial und Strecken gehegt und gepflegt. Museumsbahnen sind keine Fahrzeuge, die in Museen verstauben, es sind lebendige Zeugen aus der Pionierzeit, mit denen Fahrten unternommen werden. Wie, wann und wo solche außergewöhnlichen Bahnerlebnisse möglich sind, zeigt dieses Taschenbuch.

Eisenbahn-Erlebnisreisen
in der Bundesrepublik Deutschland
232 Seiten mit einfarbigen Abbildungen und Karten
Dieses handliche Nachschlagewerk beschreibt eine Reihe von erlebnisreichen Eisenbahnfahrten in der Bundesrepublik Deutschland